Klaus Rauer

Projektmanagement auf der Überholspur

Grundlagenwissen zur IPMA Zertifizierung

3. überarbeitete Auflage

Bibliografische Information der Deutschen Nationalbibliothek

Die Deutsche Nationalbibliothek verzeichnet diese Publikation in der Deutschen Nationalbibliografie; detaillierte bibliografische Daten sind im Internet über dnb.d-nb.de abrufbar.

Klaus Rauer ist als Berater und Projektleiter mit Schwerpunkt Bank- und IT-Projekte tätig. Neben dieser Tätigkeit führt Klaus Rauer seit 2007, als zertifizierter Projektmanagement-Trainer, Zertifizierungsseminare (IPMA Level D-A) durch.

Das Buch wurde mit großer Sorgfalt erstellt. Trotzdem können Fehler nicht vollständig ausgeschlossen werden.

Weder Autor noch Verlag übernehmen für fehlerhafte Angaben und deren Folgen eine juristische Verantwortung noch irgendeine Haftung.

Sollten dem Leser Fehler auffallen, senden sie bitte eine E-Mail mit der Fehlerbeschreibung an: PM@rauer.at

Disclaimer

Aufgrund der besseren Lesbarkeit wird in den Texten der Einfachheit halber nur die männliche Form verwendet. Die weibliche Form ist selbstverständlich immer mit eingeschlossen.

Herstellung und Verlag:
BoD – Books on Demand
ISBN 978-3-8482-1365-8

INHALT

I. VORWORT

Dieses Buch richtet sich an alle interessierten Personen, die sich Projektmanagementmethodik erschließen, erlernen oder einsetzen wollen.

Die Methodik orientiert sich an der ICB3 (International Competence Baseline) der IPMA[1] in Deutschland vertreten durch die Gesellschaft für Projektmanagement e. V. (GPM). Gut geeignet ist das Buch durch seine Ausrichtung an die IPMA, als Nachschlagewerk und zur Vorbereitung auf die Level D Prüfung. Weiterhin dient es als Nachschlagewerk für die tägliche Projektpraxis.

Das Buch will keine umfassende Darstellung der Methoden und Theorien zu den einzelnen Themenblöcken darstellen, sondern ist viel mehr für die gezielte Vorbereitung auf die schriftliche und mündliche Prüfung, sowie als Auffrischung gedacht. Für eine vertiefende Betrachtung sind die Bücher des PM3 sehr gut geeignet.

Die GPM erwartet von Level D Zertifikaten[2] im Zuge des Zertifizierungsverfahrens einen Transfer der Theorie auf die Praxis („Transfernachweis"). Angelehnt an diese Anforderung werden Fallbeispiele dargestellt, um die Umsetzung zu erläutern.

Die Kapitel sind im Wesentlichen identisch aufgebaut:

Teil 1: Grundlagen und Methodik
Teil 2: Darstellung der Methodik an einem Fallbeispiel

Um eine Einordnung in den ICB Kontext zu bekommen, ist zu Beginn jedes Kapitels das oder die jeweiligen ICB Elemente genannt, an das sich die Ausführungen anlehnen (**PM3**:). Zusätzlich ist im Anhang eine Übersicht der Elemente mit Verweis auf die Buchkapitel eingefügt.

Das Fallbeispiel ist ein Projekt mit realem Hintergrund, das jedoch an die jeweilige Methode angepasst wurde. Hierbei handelt es sich um ein Projekt zur Entwicklung von Software- und Hardwarekomponenten für die Unterstützung der Prozesse von Sonnenstudios.

---

[1] International Project Management Assosiation
[2] Siehe [95]

II. GRUNDLAGEN

1. PROJEKT

PM3: 1.00a Projekte, Projektmanagement und PM Prozesse

Der Projektbegriff wird in der heutigen Zeit nahezu inflationär verwendet. Bspw. werben bekannte Baummärkte mit dem Projektbegriff, bei dem bereits das Bepflanzen einer Blumenrabatte ein „Projekt" ist. Die DIN definiert ein Projekt wie folgt:

„Vorhaben, das im Wesentlichen durch die Einmaligkeit der Bedingungen in ihrer Gesamtheit gekennzeichnet ist, wie z. B. Zielvorgabe, zeitliche, finanzielle, personelle und andere Begrenzungen; Abgrenzung gegenüber anderen Vorhaben; projektspezifische Organisation."[3]

Hieraus kann mittels eines sieben Punkte Checks eine Projekt-Bewertung nach DIN abgeleitet werden:

1. Definierter Zeitraum
2. Ziel bekannt
3. Verantwortung festgelegt
4. Einmalig / Neuartig
5. Begrenzte Ressourcen
6. Interdisziplinär
7. Komplex

Die GPM stellt an Projekte mit begrenzter Komplexität folgende Anforderungen[4]:

- Projekt nach DIN-Kriterien
- Dauer >= 6 Monate
- PM-Aufwand >= 30,000,- €
- PM-Team >= 2 Personen
- Fachdisziplinen >= 1
- Phasen >= 3

[3] Quelle: Deutsches Institut für Normung e.V. DIN 69901-5:2009

[4] vgl.: [97]

2. PROJEKTMANAGEMENT

PM3: 1.00a Projekte, Projektmanagement und PM Prozesse

Zum Projektmanagement gehört nicht das Erledigen fachlicher oder wertschöpfender Aufgaben, sondern das Planen, Organisieren, Koordinieren und Steuern dieser Aufgaben.

2.1 Definition

Projektmanagement wird in der DIN 69901-5 wie folgt definiert:

„Gesamtheit von Führungsaufgaben, -organisation, -techniken und -mitteln für die Initiierung, Definition, Planung, Steuerung und den Abschluss von Projekten“.[5]

2.2 PM-Prozesse

Projektmanagement-Prozesse können Komplexität reduzieren und Anwendern Orientierung bzw. Hilfestellung bei der Frage geben, wann welche Tätigkeiten im Projektmanagement auszuführen sind. Das systematische Erkennen und Handhaben der verschiedenen Prozesse wird als Prozessorientierung bzw. prozessorientierter Ansatz bezeichnet. Alle Prozesse stehen in Wechselwirkung zueinander und müssen übergeordnet geplant und gesteuert werden. Die Prozesse des Projektmanagements sind Teil des „Prozesshauses der DIN“:

[5] DIN 69901-5:2009-01

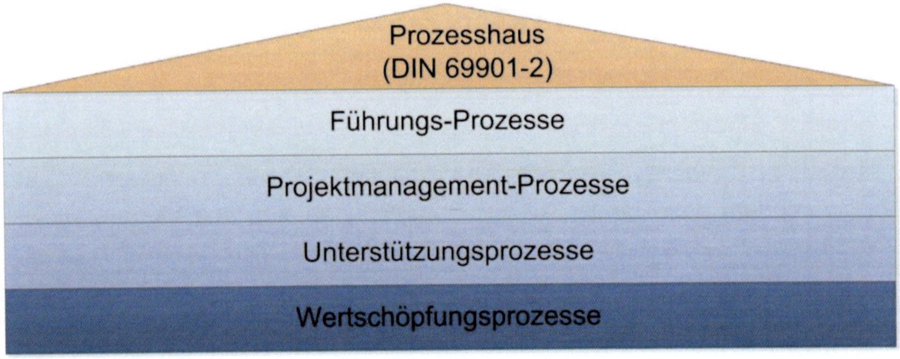

Abbildung 1: Prozesshaus der DIN 69901: 2009

2.3 Phasen Projektmanagement-Prozesse

Die Projektmanagement-Prozesse können über den Projektverlauf hinweg in Phasen unterteilt werden. In folgender Abbildung ist die Phasenunterteilung der DIN 69901:2009 dargestellt:

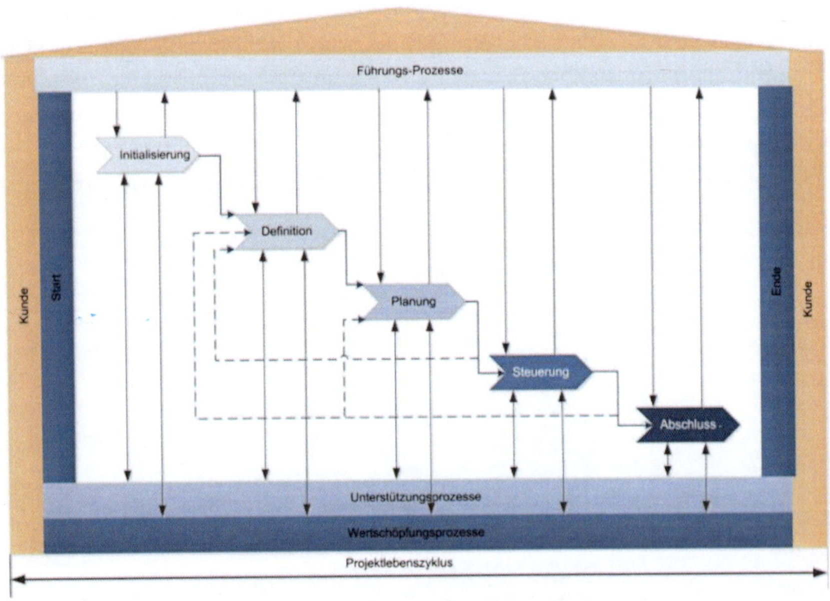

Abbildung 2: Phasen des Projektmanagements der DIN 69901: 2009

Die Phasen der PM-Prozesse unterscheiden sich i. d. R. von den Projektphasen und sind abhängig von Branche, Projektart und Vorgehensweise (siehe auch Projektphasen). Eine Übersicht über die Tätigkeiten in den einzelnen Projektmanagementphasen gibt der „rote Faden". Hier werden die Projektmanagementphasen den Inhalten gegenübergestellt.

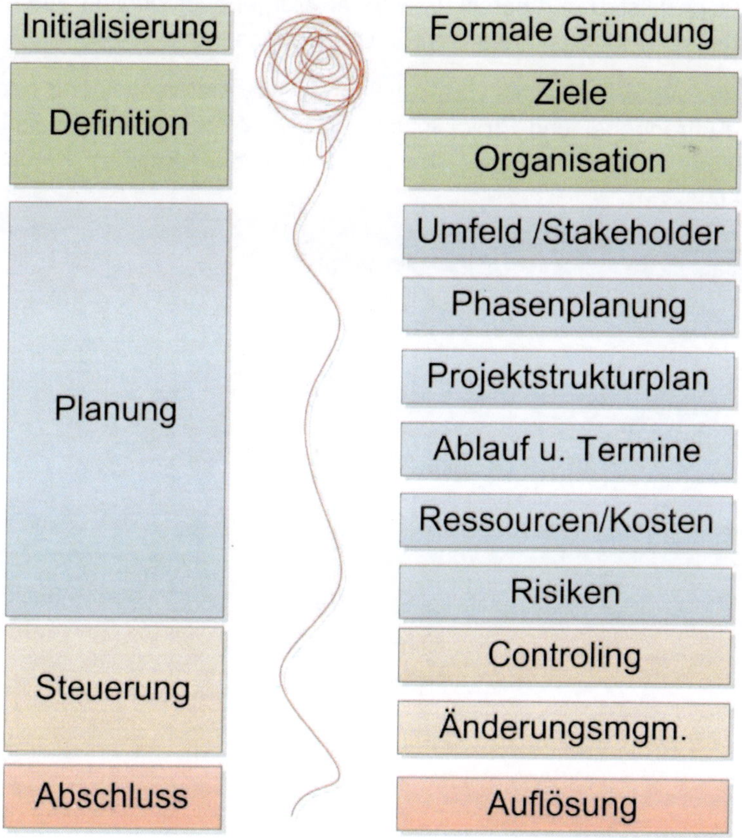

Abbildung 3: „Roter Faden" des Projektmanagements

3. FORMALE GRÜNDUNG DES PROJEKTS

PM3: 1.00b Projektarten

3.1 Projektarten

Die Kategorisierung eines Projektes nach der Projektart kann die Planung und Durchführung eines Projektes erheblich erleichtern. Bspw. durch die Anwendung von Standardplänen, Checklisten und bereits bewährten Vorgehensmodellen. Auch ist oft das Berichtswesen auf die Kategorie eines Projektes abgestimmt.

Eine oft angewandte Einteilung von Projekten ist die Unterscheidung nach den Dimensionen Auftraggeber und Projektinhalt (Objekt). Weitere Unterscheidungen können die Größe, Dauer, Kulturkreis (oder allgemein der Umfang), Komplexität etc. eines Projektes sein.

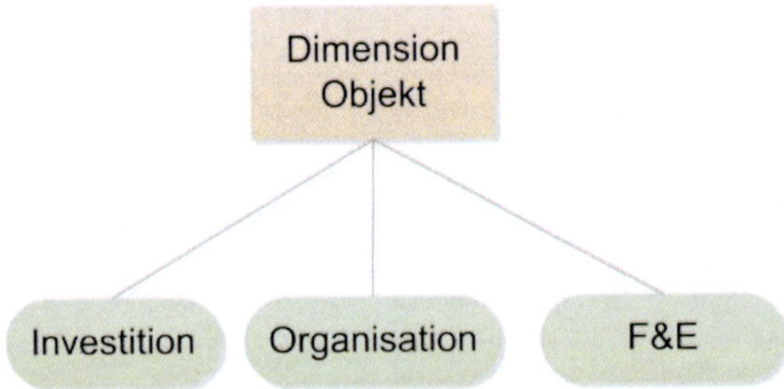

Abbildung 4: Projektart Dimensionen Objekt

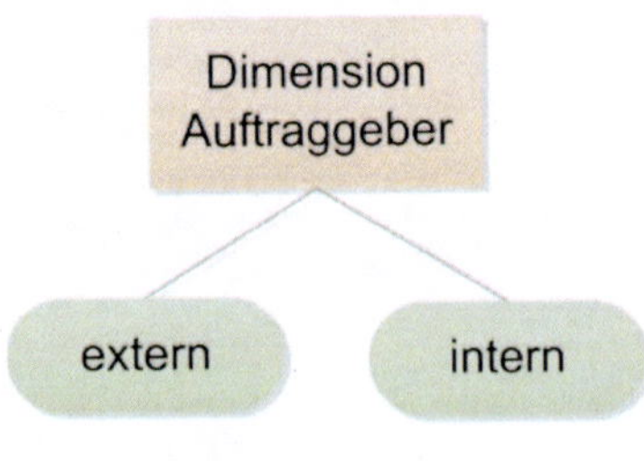

Abbildung 5: Projektart Dimensionen Auftraggeber

3.2 Projektauswahl

PM3: 3.00 PM- und Unternehmensstrategie

Der Projektauswahl kommt, im Sinne der Unternehmensstrategie und des Gesamterfolges, eine große Bedeutung zu. Vor der Beauftragung müssen daher die Projekte ausgewählt werden, die den größten Nutzen für das Unternehmen haben oder aus anderen Gründen ausgewählt werden.

Als erstes Kriterium der Projektauswahl werden alle „Muss-Projekte“ identifiziert und eingeplant. Muss-Projekte sind u. a. die Umsetzung von gesetzlichen Anforderungen oder angeordnete Projekte der Unternehmensleitung. Die verbleibenden Projektkandidaten werden einem Bewertungs- und Auswahlverfahren unterzogen.

Folgende Fragestellungen sind für eine Projektauswahl hilfreich:

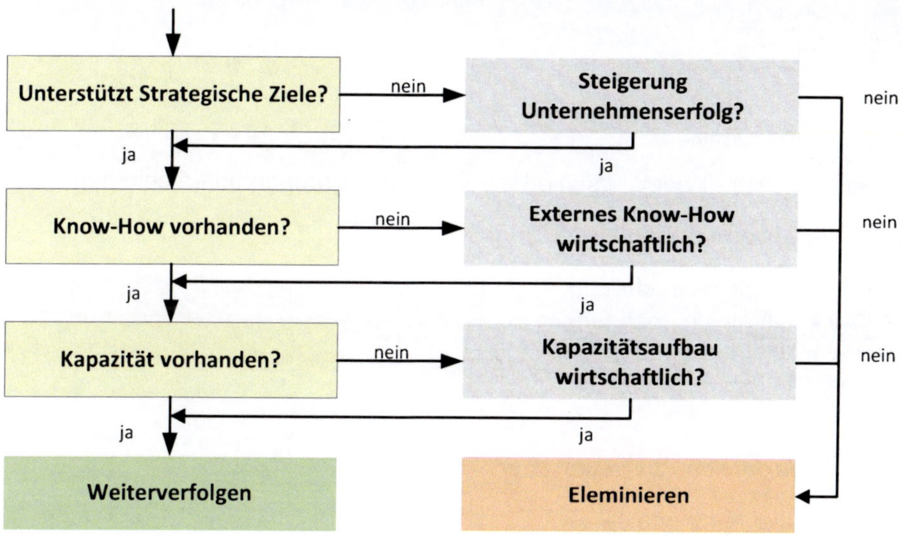

Abbildung 6: Projektauswahl[6]

[6] Angelehnt an [29] Seite 36

3.2.1 VERFAHREN ZUR PROJEKTAUSWAHL

Für den weiteren Planungsprozess und die Projektauswahl stehen zwei Fragen im Mittelpunkt:[7]

1. Werden die richtigen Projekte ausgewählt?

2. Sind die Projekte realistisch geplant?

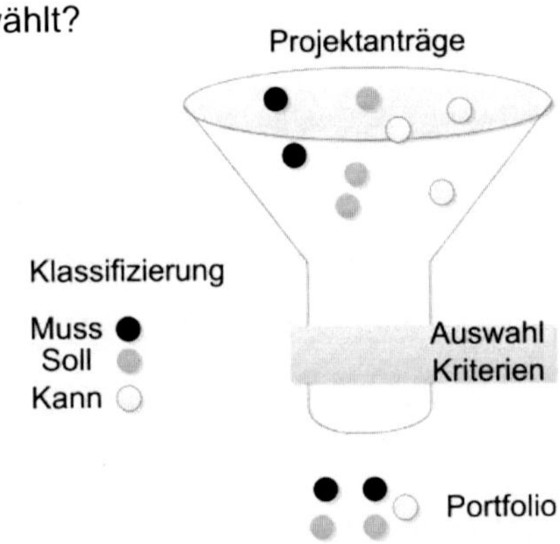

Abbildung 7: Projektauswahl

Hierzu werden generell zwei verschiedene Verfahrensgruppen unterschieden:

Statische Verfahren - schnell aber ungenau

- Kostenvergleichsrechnung
- Gewinnvergleichsrechnung
- Rentabilitätsvergleichsrechnung
- Amortisationsrechnung

Dynamische Verfahren - genauer aber aufwendig

- Kapitalwertmethode
- Interner Zinsfuß
- Annuitätenmethode

Oft wird zur Auswahl von Projekten auch eine Nutzwertanalyse vorgenommen, Beschreibung auf der folgenden Seite.

[7] vgl. [38] Seite 30.

3.2.2 NUTZWERTANALYSE

Die Nutzwertanalyse ist ein Instrument zur Bestimmung des Nutzens eines Produkts. Die Nutzwertanalyse wird eingesetzt, wenn zwischen mehreren Projekten oder Produkten eine Entscheidung zur Durchführung getroffen werden muss.

Vorgehen

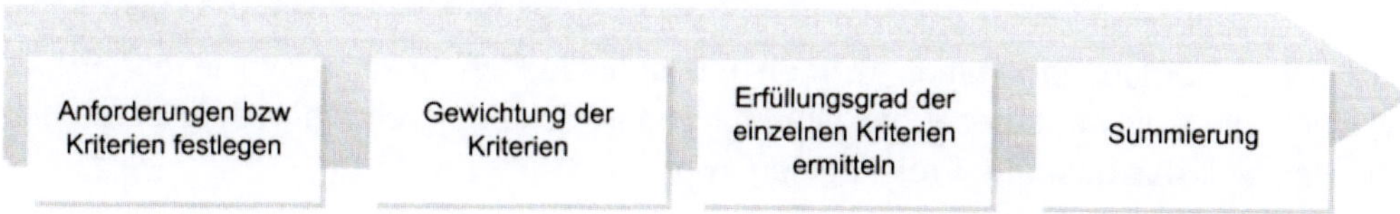

Projekte 2012

			Summe	92	**Summe**	188
			SunOrganizer		**ApoStore**	
Lfd.-Nr	**Anforderung / Kriterium**	**Gewichtung 1-10**	**Erfüllungsgrad 1-10**	**Ergebnis**	**Erfüllungsgrad 1-10**	**Ergebnis**
1	Business Case	10	5	50	8	80
2	Strategischer Nutzen	7	1	7	6	42
3	Nachhaltigkeit	7	2	14	7	49
4	Risiko	3	3	9	2	6
5	Kundennutzen	2	6	12	3	6
6	Quick Win	1	0	0	5	5

Abbildung 8: Nutzwertanalyse

III. METHODENEINSATZ - HARTE FAKTOREN

1. PROJEKTSTART

PM3: 1.19 Projektstart

1.1 Einflussmöglichkeiten

Der Projektstart erscheint auf dem ersten Blick nur lästig zu sein, da hier viele „bürokratische" Hürden genommen werden müssen. Jedoch erweist sich in der Praxis vielfach, dass ein sauberer Projektstart für den Projekterfolg enorm wichtig ist, da hier die Basis für das gesamte Projekt gelegt wird.

Zum Projektstart hat der Projektleiter noch alle Möglichkeiten der Projektbeeinflussung. Diese nehmen im Projektverlauf rapide ab. Folgende Grafik zeigt eine schematische Übersicht einer Projektentwicklung.

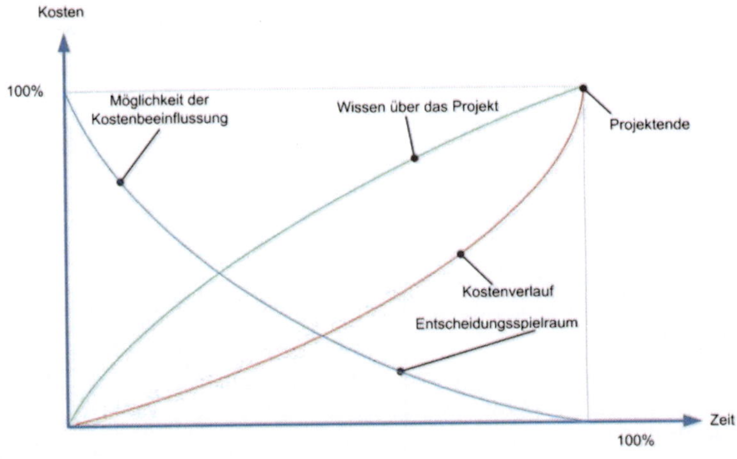

Abbildung 9: Möglichkeit der Kostenbeeinflussung

Dabei zeigt sich, dass die Möglichkeiten der Beeinflussung des Projektes mit zunehmendem Fortschritt abnehmen oder mit hohen Änderungskosten verbunden sind.

1.2 Projektstart im Engeren und im weiteren Sinn

Der Projektstart kann in eine Vorphase, einen formellen Start und eine Organisationsphase eingeteilt werden. Zu Beginn der Vorphase müssen einige Voraussetzungen erfüllt sein:

- Eine Projektidee muss vorliegen.
- Es gibt einen Auftraggeber.
- Ein Projektleiter ist vorhanden.

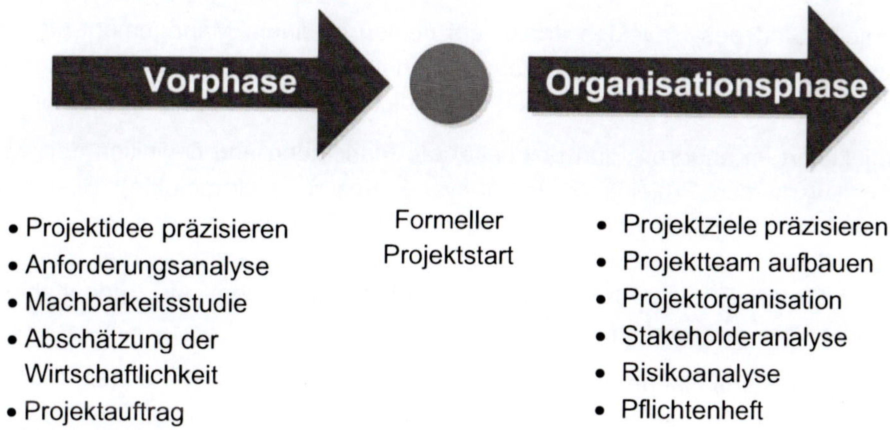

Abbildung 10: Aufteilung des Projektstarts

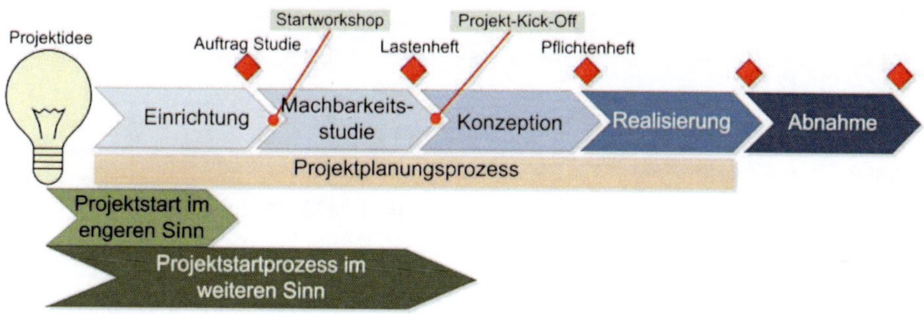

Abbildung 11: Projektstartprozess

Den Projektstart kann man zum einen als Zeitpunkt „Start des Projektes" definieren, an dem sich die wesentlich Beteiligten einig sind, dass es ein Projekt geben soll. Auch ist der Projektstart ein Zeitraum, in dem das Projekt definiert und eingerichtet wird.

In der Vorphase wird dann die Projektidee präzisiert und daraus in einer Anforderungsanalyse ein Lastenheft oder Anforderungskatalog abgeleitet. Es wird eine Machbarkeitsstudie und eine Abschätzung der Wirtschaftlichkeit durchgeführt. Die Ergebnisse werden mit dem Auftraggeber abgestimmt und bewertet und ein Projektauftrag erteilt.

Der formelle Start des Projektes erfolgt am besten in einem Management-Kick-off-Meeting, in dem der Projektauftrag verabschiedet und ein Projektleiter förmlich ernannt wird. Ab diesem Zeitpunkt existiert das Projekt in der Organisationsstruktur.

Der Projektstart im engeren Sinn beinhaltet die Einrichtung und Definition der wichtigsten Eckwerte des Projekts (Ziele, Aufwand, Kosten, Lieferobjekte). Besonders wichtig sind hier die Festlegungen zur Organisation, Kompetenzen des Projektleiters und eine klare Regelung der Beistellpflichten des Auftraggebers. Hier wird der Grundstein für den Erfolg oder Misserfolg eines Projektes gelegt. Am Ende steht die Durchführung des Startworkshops.

Im Weiteren Sinn umfasst der Projektstart zudem weiterführende Planungen: Risiken, Chancen, Stakeholder und Umfeld, die mit dem offiziellen Projekt Kick-Off abgeschlossen werden.

Der Projektstart ist abgeschlossen, wenn der Projektleiter mit dem Projekt-Team eine Vereinbarung über:

- Ziele
- Zeitbedarf
- Budget
- Ablauf des Projekts
- Verantwortung und Kompetenz der beteiligten Mitarbeiter, Stellen und Organisationen.

abgeschlossen hat. D. h. es liegen alle Informationen vor, die für eine Leistungserbringung in Projekt notwendig sind.

1.3 Projektstartsitzung/ Projektstart-Workshop

Zum eigentlichen Projektstart wird mit dem Projektteam eine Projektstartsitzung durchgeführt. Voraussetzung dafür ist, dass alle Hintergründe des Projektes bekannt sind und alle offenen Fragen geklärt wurden. Die wichtigsten Parameter des Projektstartworkshops sind:

Ziele

- Rahmenbedingungen sind durch das Team festlegt.
- Ziele sind präsent und alle haben zugestimmt.
- Aufgaben der Phasen „Definition“ und „Planung“ sind verteilt.

Team

- Formierung des Projektkernteams
- Erste Team-Bildungsmaßnahmen
- Beteiligten kennen sich untereinander und ihre Funktionen im Projekt.
- Regeln der Zusammenarbeit werden vereinbart.

Mitarbeiter

- Mitarbeiter integrieren und motivieren -> Akzeptanz Rahmenbedingungen
- Basis für Identifikation der Mitarbeiter mit dem Projekt schaffen.

1.4 Projektsteckbrief

Basierend auf der Auswahl des Projektes, kann ein erster, grober Steckbrief des Projektes erstellt werden. Dieser dient im Wesentlichen dazu, einen Überblick über die wichtigsten Projektparameter zu bekommen.

1.5 Projektbeispiel - Projektsteckbrief

<table>
<tr><th>Pj-Nr</th><th>Projektname</th><th>Trägerorganisation</th><th colspan="2">Projektdauer
(von - bis)
MM.JJJJ – MM.JJJJ</th></tr>
<tr><td>SO2002</td><td>Sun Organizer</td><td>ROT GmbH</td><td>12/2001</td><td>08/2003</td></tr>
<tr><td colspan="2">Auftraggeber:</td><td colspan="3">ROT GmbH Geschäftsführung A. Peyfrau</td></tr>
<tr><td colspan="5">Projekt-Kurzbeschreibung
Zur Erweiterung des Produktportfolios ist die Entwicklung einer vermarktungsfähigen Software-Komplettlösung für die Steuerung von Sonnenbänken und alle betriebswirtschaftlichen Prozessen von Sonnenstudios beauftragt worden. Eine Vorstudie hierzu liegt vor. Insbesondere soll der polnische Markt durch die Unterstützung der polnischen Sprache erschlossen werden. Ein Lastenheft liegt vor, das Pflichtenheft (Konzeption/Spezifikation) ist mit den Auftraggebern abzustimmen.</td></tr>
<tr><td colspan="5">Projektziele:
Kosten: Budgeteinhaltung <= 465.000,-€
Termine: Prototyp 15.10.2002, produktionsreife Anwendung 30.08.2003, Pilotierungsbeginn 01.03.2003
Leistung: Erstellung einer vermarktungsfähigen Lösung gem. Anforderungskatalog aus der Vorstudie</td></tr>
<tr><td>Projekt-Gesamtkosten EURO - Plankosten:</td><td>485.000,-</td><td colspan="2">IST-Kosten:</td><td>470.000,-</td></tr>
<tr><td>Anteil Plankosten PM-Aufwand:</td><td colspan="2">Anteil Plankosten Eigenleistung</td><td colspan="2">Anteil Plankosten Fremdleistung</td></tr>
<tr><td>176.000,-</td><td colspan="2">200.000,-</td><td colspan="2">89.000,-</td></tr>
<tr><td>Anteil IST-Kosten PM-Aufwand:</td><td colspan="2">Anteil IST-Kosten Eigenleistung</td><td colspan="2">Anteil IST-Kosten Fremdleistung</td></tr>
<tr><td>177.000,-</td><td colspan="2">185.000,-</td><td colspan="2">108.000,-</td></tr>
<tr><td colspan="5">Projektorganisation:
Reine Projektorganisation</td></tr>
<tr><td colspan="5">Lenkungsausschuss
Geschäftsführung ROT GmbH (Vorsitz), Geschäftsführer Sunnie, Hr. Heinz</td></tr>
<tr><td colspan="5">Hauptrisiken
Technologie unbekannt, polnischer Markt</td></tr>
</table>

Abbildung 12: Beispiel Projektsteckbrief

2. ERGEBNISOBJEKTE

PM3: 1.10 Leistungsumfang und Lieferobjekte

Der Projektleiter vereinbart mit seinem Auftraggeber einen zu liefernden Projektgegenstand. Dies können neben dinglichen Komponenten wie Software, auch weitere Lieferobjekte (Handbücher, Dokumentation) oder Ergebnisse (Abnahme durch den Kunden, Revisions-OK) sein.

2.1 Definition

Der Projektinhalt wird in der DIN 69901-5:2009 wie folgt definiert:

„Gesamtheit der Produkte und Dienstleistungen, die durch die Aufgabenstellung eines Projektes als Ergebnis am Ende vorliegen müssen."

Die Leistungsbeschreibung für den Projektinhalt kann in die Komponenten

- Leistungsbeschreibung und
- Lieferobjekte

unterteilt werden.[8]

2.2 Leistungsbeschreibung

2.2.1 LASTENHEFT

Das Lastenheft beschreibt die Projektergebnisse aus Sicht des Auftraggebers und wird von diesem erstellt (Anforderungen). Eine Anforderung ist „Eine Bedingung oder Eigenschaft, die ein System oder eine Systemkomponente aufweisen muss, um einen Vertrag zu erfüllen oder einem Standard, einer Spezifikation oder einem anderen formell auferlegten Dokument zu genügen."[9]

Das Problem hierbei ist in der Regel die Qualität der Anforderungsbeschreibung. Eine Anforderung ist eine geforderte Eigenschaft eines zu entwickelnden Systems.

[8] vgl. [25] Seite 332 ff.
[9] vgl. [45] Seite 13

Qualitätskriterien für Anforderungen sind:

- Identifizierbarkeit
- Verständlichkeit
- Eindeutigkeit
- Nachweisbarkeit
- Messbarkeit

„Schön“ ist keine Anforderung!

2.2.2 PFLICHTENHEFT

Gegenstand des Pflichtenheftes dagegen ist die Beschreibung WIE das System realisiert wird. Ersteller ist der Auftragnehmer. Teil des Pflichtenheftes, oder eines separates Dokumentes, kann auch eine technische Spezifikation sein. Das Pflichtenheft sollte mit dem Auftraggeber abgestimmt sein bzw. von Diesem abgenommen werden und dient als Grundlage für die Abnahmen der Ergebnisobjekte im Projektverlauf.

2.2.3 TECHNISCHE SPEZIFIKATIONEN

Beschreibung der Systemumgebung, technischen Merkmale, Normen etc.. Hier wird detailliert festgelegt, wie das fertige System aussieht.

2.2.4 LIEFEROBJEKTE

Als Lieferobjekte werden die konkreten Projekt-Ergebnisse benannt, die am Ende des Projekts vorliegen, dies können u. a. sein:

- Dokumente
- Technische Anlagen / Bauwerke
- Organisationsstrukturen/Prozesse

3. ZIELE

PM3: 1.03 Projektanforderungen und Projektziele

Ziele begründen die Handlungsgrundlage des Projektleiters im Projekt und bilden den Ausgangspunkt der weiteren Projektplanungen. Zu den ersten Schritten im Projekt gehört die Festlegung auf das Projektziel. Es ist der Ausgangspunkt für jede weitere Planung und die Durchführung des Projektes.

Ein Projekt besteht aus einer Vielzahl von Zielen (Unterziele, Teilziele) zwischen denen zumeist noch eine Beziehung besteht. Diese mehrdimensionale Gesamtheit der Projektziele bezeichnet man auch als Zielsystem. Die Formulierung der Ziele ist die Aufgabe des Projektteams.

3.1 Definition

Die DIN Normen 69901-5:2009 definiert das Projektziel folgendermaßen:

„Projektziel: Gesamtheit von Einzelzielen, die durch das Projekt erreicht werden."

3.2 Wesentliche Funktionen von Zielen

Verbindungsfunktion
Ein oft unterschiedlicher Hintergrund der Projektbeteiligten erschwert die Bildung eines „Wir" Gefühls. Klare Ziele können das Projektteam zusammenrücken lassen und helfen, ein Commitment für das Projekt zu erzeugen.

Orientierungsfunktion
Wohin geht die Reise? Die Vorgabe einer Richtung motiviert die Mitarbeiter.

Kontrollfunktion
Die Ziele können als Prüfsteine für den Projekterfolg dienen.

Koordinationsfunktion
Neben Koordination der einzelnen Projekttätigkeiten kann anhand der Zielprioritäten die Koordination erleichtert werden.

Selektionsfunktion
Ein gutes Zielsystem erleichtert die Arbeit, sich für die richtigen Alternativen zu entscheiden.

3.3 Zieldefinition – Vorgehensweise

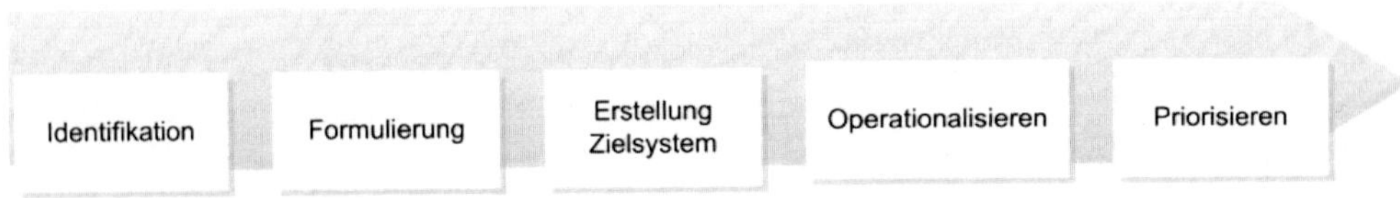

1. Identifikation – Zielfindung
   Quellen: Workshop, Lastenheft, Anforderungen des Kunden, Systemanforderungen, Normen
2. Formulierung
   Widerspruchsfreie Definition der Ziele
3. Erstellung des Zielsystems
   Grafische Darstellung
4. Operationalisieren
   Zielsprache auf die Ziele verwenden (vgl. SMART)
5. Priorisieren
   Einteilung der Ziele in Muss-, Soll- und Kann-Ziele.

3.3.1 IDENTIFIKATION VON ZIELEN

Die Grundlage der Zielidentifikation bilden die Anforderungen des Auftraggebers aus dem Pflichtenheft. Zusätzlich können jedoch weitere Ziele vorhanden und für das Projekt relevant sein.

Als Vorgehensweise zur Zielidentifikation werden folgende Verfahren verwendet:

Top-down-Verfahren

Herabbrechen eines Zieles von oben nach unten in Unterziele.

Bottom-up-Verfahren

Sammlung von Ideen auf unterster Ebene und anschließender Verdichtung nach oben.

Zielgrößen - Das magische Dreieck

Ziele können in die sog. Zielgrößen Termin, Kosten und Leistung aufgeteilt werden. Als eine Grundlage und Leitlinie zur Zielfindung kann das magische Dreieck des Projektmanagements dienen:

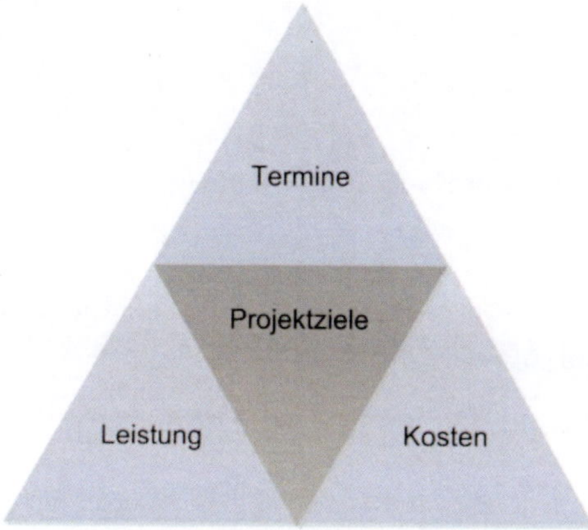

Abbildung 13: Das „magische Dreieck" des Projektmanagements

Dies ist jedoch im Sinne einer Projekterfolgsbetrachtung zu wenig. So sollten die Interessen der Stakeholder (Ziele) und soziale Ziele in die Ziel-Betrachtung mit einbezogen werden.

3.3.2 ERSTELLUNG ZIELSYSTEM

In den folgenden Abbildungen sind beispielhafte Zielsysteme nach Zielgrößen skizziert.

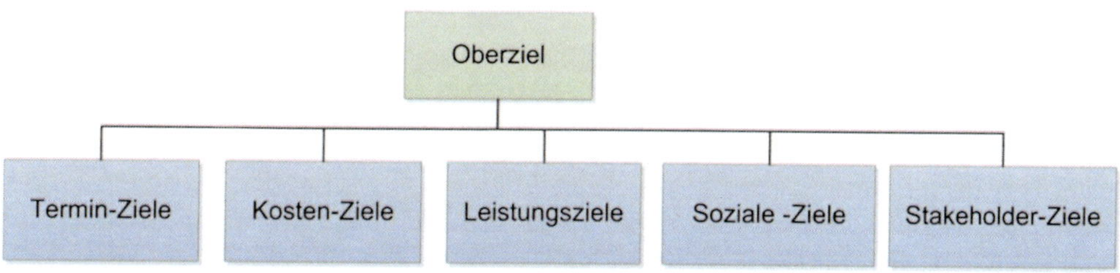

Abbildung 14: Zielsystem nach Zielgrößen des magischen Dreiecks

Eine weitere Möglichkeit ist die Unterteilung nach Ergebnis- und Vorgehenszielen:

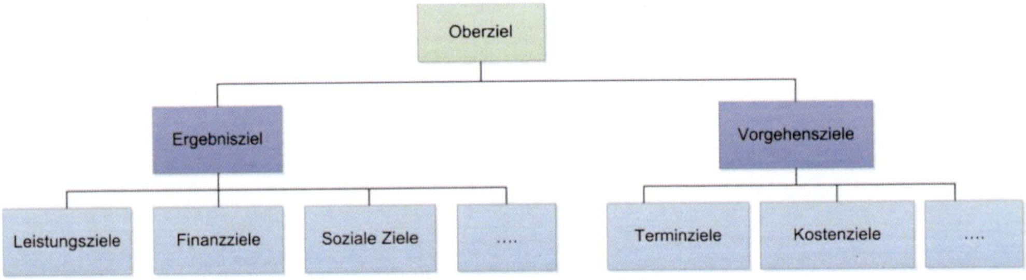

Abbildung 15: Zielsystem nach Zielgrößen Ergebnis/Vorgehen

Aus der Einhaltung der Zielgrößen leitet sich der Projekterfolg ab. Generell kann Projekterfolg folgendermaßen definiert werden:[10]

Einhaltung des magischen Dreiecks sowie die Zufriedenheit der wichtigsten Stakeholder.

3.3.3 ZIELFORMULIERUNG

Ziele sollen so formuliert sein, dass sie

- erreichbar
- vollständig
- widerspruchsfrei
- nicht interpretierbar
- prüfbar
- lösungsneutral
- dokumentiert
- zwischen Auftraggeber und Projektleiter abgestimmt und von beiden akzeptiert

sind.

[10] vgl. [25] Seite 57

Um die Zielformulierungen zu prüfen, haben sich auch die Akronyme SMART und AROMA bewährt:

S	Spezifisch		A	Annehmbar
M	Messbar		R	Realisierbar
A	Akzeptiert	ODER	O	Objektiv
R	Realistisch		M	Messbar
T	Terminiert		A	Aussagefähig

3.3.4 OPERATIONALISIEREN DER PROJEKTZIELE

In der nachfolgenden Tabelle wird beispielhaft dargestellt, wie Ziele operationalisiert werden können.

Ziel	**Operationalisiertes Projektziel**
Leistungsziele	
L1: Die Verwaltungssoftware wurde vom Testteam abgenommen.	Alle Funktionen sind gem. Testplan getestet; Keine Klasse 1 und 2 Fehler mehr vorhanden.
Kostenziele	
K1: Einhaltung der Gesamtbudgetgrenze	Die geplanten Gesamtkosten von 280.000,-€ werden nicht überschritten. Die Testaufwände der Abnahmetester werden vom Pilotkunden Sunnie getragen.
Terminziele	
K2: Prototyperstellung Solarium Ansteuerung	Eine getestete Version des Prototyps liegt bis zum 30.04.2003 vor. Keine Fehler der Klasse 1 vorhanden..

Abbildung 16: Operationalisieren von Projektzielen

3.3.5 PRIORISIERUNG

Zur besseren Planung sollten Ziele priorisiert werden. Hier bietet sich eine Einteilung nach Muss, Kann und Soll-Zielen an.

Zielpriorität	Auswirkung bei Nicht-Erreichung
Mussziele (M)	Das Projekt ist gescheitert.
Sollziele (S)	Die Zufriedenheit der Stakeholder wird negativ beeinflusst.
Kannziele (K)	„nice to have“, nur geringe Auswirkungen

Tabelle 1: Zielpriorität

Zielbeziehungen

Ziele können einander beeinflussen, daher ist nach der Definition der Ziele jedes Ziel mit allen anderen Zielen auf seine Zielverträglichkeit zu prüfen und ggf. Maßnahmen zu ergreifen.

<u>Zielidentität</u>

Mehrere Ziele, die inhaltlich deckungsgleich sind.

<u>Zielkomplementarität</u>

Die Verfolgung eines Ziels unterstützt gleichzeitig die Erreichung eines anderen Ziels.

<u>Zielneutralität</u>

Ziele, die voneinander vollkommen unabhängig sind.

<u>Zielkonkurrenz</u>

Die Erfüllung eines Ziels beeinträchtigt die Erfüllung anderer Ziele.

<u>Zielantinomie</u>

Zwei Ziele schließen sich vollständig aus.

Die folgenden Entscheidungsregeln helfen bei der Behandlung, unter Einbeziehung der Prioritäten, von auftretenden Zielkonflikten:

- Zielantinomie -> Entscheiden
- Zielkonkurrenz -> Priorisieren
- Zielidentität -> Prüfen

3.4 Projektbeispiel - Zieldefinition

Projektziel (Oberziel): Erstellung einer vermarktungsfähigen Software für Sonnenstudios

Terminziele

Ziel	Kriterium	Priorität
Prototyp	Erstellung eines lauffähigen Prototyps bis zum 15.10.2002	M
Produktionsreife Anwendung	Keine Fehler der Klasse 3 bis zum 30.08.2003	M
Pilotierungsbeginn	Start der Pilotierung am 01.03.2003	S

Tabelle 2: Terminziele

Leistungsziele

Ziel	Kriterium	Priorität
Artikelverwaltung	Verwaltung von bis zu 10.000 Artikeln	M
Kundenverwaltung	Verwaltung von bis zu 10.000 Kunden	M
Kasse	Bis zu 10.000 Vorgänge jährlich	M
Mitarbeiterverwaltung	Verwaltung für bis zu 100 Mitarbeiter	M
Fernsteuerung	Fernsteuerung der Anwendung über IP; Zugriff über Remote-Einwahl für einen zugelassenen Administrator.	M
Vernetzung	Vernetzung von bis zu fünf Sonnenstudios über IP (Internet und LAN)	M
Sprachunterstützung	Unterstützung von polnisch als zweite Sprache	M
Zusatzbildschirm	Anschlussmöglichkeit für zweiten Monitor über eine Standard Dual Grafikkarte	S
Hardware Entwicklung	Eigenentwicklung der Ansteuerung aus Standardbausteinen bis maximal 16 Sonnenbänke	K

Tabelle 3: Leistungsziele

Kostenziele

Ziel	Kriterium	Priorität
Entwicklungskosten gesamt	Maximal 485.000,-€ Entwicklungskosten	M
Tester	Tester werden kostenfrei von Sunnie gestellt	M

Tabelle 4: Kostenziel

Zusätzlich soll das folgende strategische Unternehmensziel (Stakeholderziel) unterstützt werden:

Ziel	Kriterium	Priorität
Erschließung eines neuen Marksegmentes	Unterstützung der Unternehmensziele	K

Tabelle 5: Unterstützung strategischer Unternehmensziele

4. PROJEKTUMFELD

PM3: 1.02 Interessierte Parteien

Der Erfolg oder Misserfolg eines Projektes hängt nicht allein von der einwandfreien technischen Umsetzung ab. Vielmehr können verschiedene Einflussfaktoren auf ein Projekt, sowohl negative als auch positive Impulse hervorbringen. Daher ist eine Betrachtung des Projektumfeldes zu Beginn des Projektes, sowie regelmäßig im Projektverlauf, essenziell für den Projekterfolg.

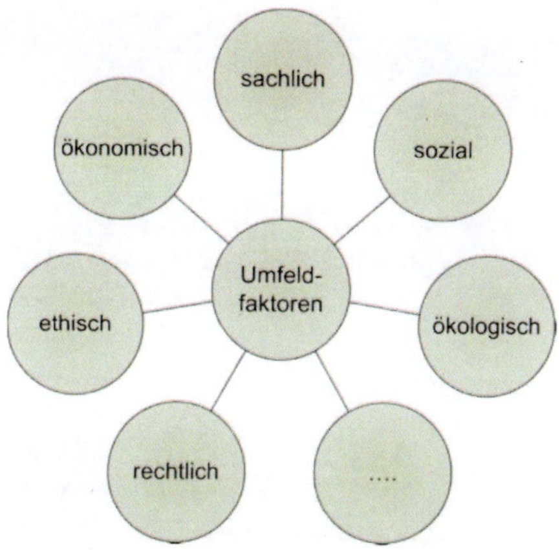

Abbildung 17: Projektumfeldfaktoren

Hinzu kommen die relevanten Stakeholder. Als Stakeholder wird eine Person oder Gruppe bezeichnet, die ein berechtigtes Interesse am Verlauf oder Ergebnis eines Prozesses oder Projektes hat.[11]

[11] vgl. [25], Seite 133

4.1 Vorgehensweise Umfeldanalyse

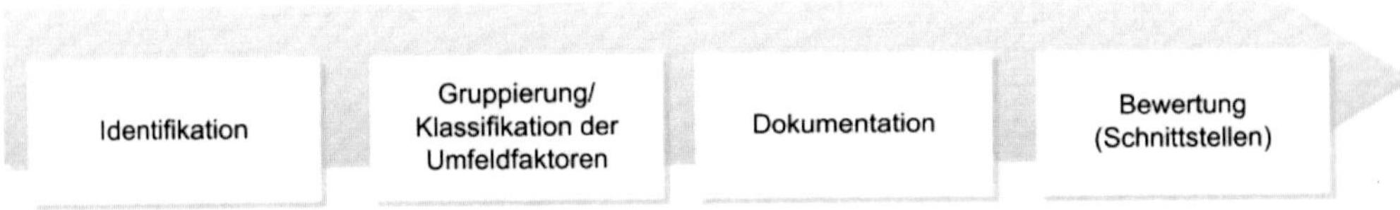

In der Umfeldanalyse wird unterschieden in ein sachliches und ein soziales Umfeld, sowie in interne (Projektumfeld) und externe (außerhalb des Projektumfeldes) Einflüsse.

Die sachlichen Umfeldfaktoren werden im Folgenden in der Risikoanalyse betrachtet. Die sozialen Umfeldfaktoren werden in der Stakeholderanalyse weiter betrachtet und bewertet.

4.2 Projektbeispiel - Umfeldanalyse

	intern	extern
Sachlich	1. Projektmanagementhandbuch 2. Infrastruktur	3. Ausländischer Markt (Polen) 4. Kapitalmarkt 5. Hardwarelieferanten / Angebot am Markt 6. Mitbewerbersituation 7. Sicherheit/Gesetze
Sozial	1. Pilot-Sonnenstudios (Betreiber) 2. Ausstatter v. Sonnenstudios Sunnie - Finanzierungspartner 3. Externe Mitarbeiter/Berater 4. Pilot-Sonnenstudios (Tester)	5. Bank (Finanzierung) 6. Hardwarelieferanten 7. Egoflat (Hersteller von Sonnenbänken), Vertrieb 8. GF ROT GmbH 9. Solarienbetreiber (Polen) 10. Werbeagentur

Abbildung 18: Beispiel Umfeldanalyse

Die identifizierten sachlichen Umfeldfaktoren werden in einer Schnittstellenmatrix näher betrachtet. Hierbei werden ihr Einfluss und Risikopotenzial eingeschätzt.

Umfeld	Spezifikation	Faktoren
Projektmanagementhandbuch (PMA)	Abwicklung des Projekts nach dem PMH ROT GmbH für risikoreiche Projekte	Rechtlich
Infrastruktur	Raumsituation am Standort Nienburg Verfügbare Rechner/Hardware/Arbeitsmittel	Sachlich
Ausländischer Markt (Polen)	Sprachbarriere Zulassungsverfahren von Software und Hardwarekomponenten prüfen. Kommunikationsmöglichkeiten in Englisch oder Deutsch, eingeschränkt in Polnisch prüfen.	Rechtlich
Kapitalmarkt	Finanzierungsmöglichkeiten Gesamtsituation der Kapitalbeschaffung beobachten, Finanzierungsalternativen betrachten.	Wirtschaftlich
Hardwarelieferanten / Angebot am Markt	Vorhandene Steuerungseinheiten oder Neuentwicklung Alternativen zur Eigenentwicklung und Lieferantensituation am Markt für Hardware prüfen.	Wirtschaftlich
Mitbewerbersituation	Konkurrenzsituation durch vergleichbares Produkte vorhanden? Freewaremarkt betrachten	Wirtschaftlich
Sicherheit	Gesetzliche Vorschriften für elektrische Anlagen prüfen. (Zielländer: Deutschland, Polen, EU-Recht)	Rechtlich

Tabelle 6: Schnittstellenmatrix

5. STAKEHOLDER

PM3: 1.02 Interessierte Parteien

5.1 Definition

Stakeholder (Interessierte Parteien)

Personen oder Personengruppen, die einen Anspruch am Projekt und dessen Ergebnissen haben, an dem Projekt beteiligt sind, von dem Projekt betroffen sind oder sich subjektive vom Projekt betroffen fühlen.

Promotoren

Promotoren sind besondere Stakeholder, wie Macht- und Fachpromotoren, die das Projekt unterstützen können.

Machtpromotoren – können den Projektleiter durch ihr Durchsetzungsvermögen im Unternehmen bei schwierigen Problemen unterstützen.

Fachpromotoren – Fördern den Entscheidungsprozess durch ihre fachliche Kompetenz und unterstützen die Akzeptanz.

Jeder Projektleiter sollte daher bemüht sein, solche Promotoren zu erkennen und/oder zu gewinnen.

5.2 Vorgehen Stakeholderanalyse

Auf Basis der sozialen Faktoren der Umfeldanalyse werden die Stakeholder betrachtet. Dazu werden folgende Schritte durchgeführt:

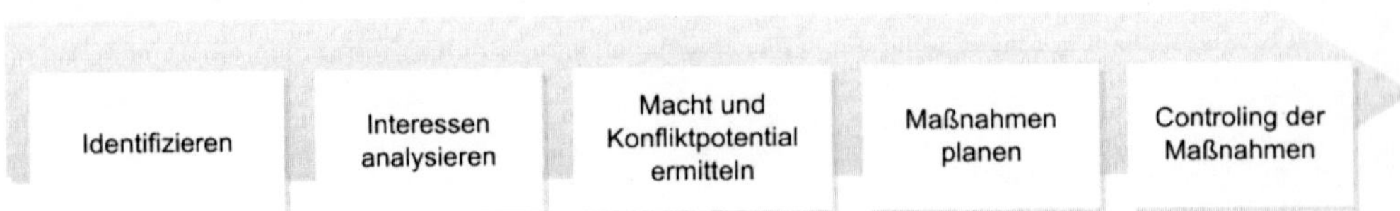

1. Schritt: Identifizieren

Für die Identifikation von Stakeholdern kann auf folgende Quellen zurückgegriffen werden:

- Soziales Umfeld aus der Umfeldanalyse
- Workshop mit dem Projektteam
- Expertenbefragung

Nr	Stakeholder
1	Geschäftsführer
2	Betriebsrat

2. Schritt: Interessen analysieren

Bekannte und vermutete Interessen der Stakeholder werden ermittelt und die Tabelle erweitert. Achtung: Hier handelt es sich um subjektive Einschätzungen.

Nr	Stakeholder	Interessen	
		vermutet	bekannt
1	Geschäftsführer	Budget sparen	Projekterfolg sicherstellen
2	Betriebsrat	Projekt als Hilfe für die Wiederwahl nutzen	Arbeitsplätze sichern

3. Schritt: Macht und Konfliktpotenzial ermitteln

Einschätzung des Einflusses/Macht auf das Projekt:

- Mögliches Konfliktpotenzial bestimmen
- Erweiterung der Tabelle und Darstellung als Portfolio

Nr	Interessen		Macht	Konflikt-potenzial
	vermutet	bekannt		
1	Budget sparen	Projekterfolg sicher-stellen	hoch	niedrig
2	Projekt als Hilfe für die Wiederwahl nutzen	Arbeitsplätze sichern	hoch	hoch

Darstellung der Macht und des Konfliktpotenzials in einem Stakeholderportfolio:

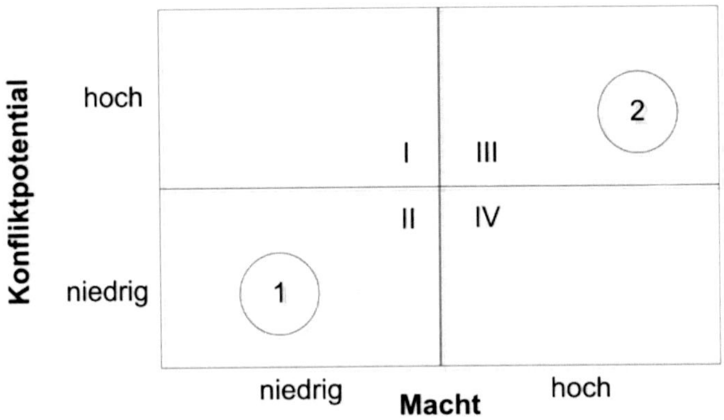

Abbildung 19: Abb. 1: Stakeholder-Portfolio

Zusätzlich kann noch die generelle Einstellung zum Projekt dargestellt werden.

4. Schritt: Maßnahmen planen

Generell sollte die Kommunikation mit den Stakeholdern aktiv, ehrlich, rechtzeitig und offen gestaltet werden.

Als Kommunikationsstrategien werden dabei unterschieden:[12]

- Kooperativ/Partizipativ
  der Stakeholder als Partner, Einbeziehung in Entscheidungsvorgänge
- Diskursiv
  Einbeziehung und Diskussion, jedoch keine gemeinsame Entscheidungsfindung
- Repressiv
  kein Dialog, maximal: Information

Je Quadrant der Stakeholdermatrix sollte eine generelle Strategie zur Stakeholderkommunikation definiert werden. Diese Quadranten-Strategie hilft im Projektverlauf

[12] vgl. [46], Seite 35

insbesondere dann, wenn Stakeholder hinzukommen oder von einen in den anderen Quadranten wechseln. Dann können schnell Maßnahmen zur Kommunikation eingeplant und aufgenommen werden.

Individuelle Maßnahmen sollten bei Bedarf für ausgewählte Stakeholder berücksichtigt werden. Bspw. ist der Auftraggeber trotz eines geringen Konfliktpotenzials als wichtiger Stakeholder dementsprechend zu berücksichtigen. Dies kann z. B. durch eine persönliche Berichterstattung durch den Projektleiter durchgeführt werden.

Zusätzlich ist zu beachten, dass die generelle Einstellung zum Projekt Berücksichtigung in den Maßnahmen findet, in dem verschiedene Maßnahmen für Unterstützer und Gegner geplant werden.

5. Schritt: Controlling der Maßnahmen
Die regelmäßige Überprüfung der Sinnhaftigkeit und Wirksamkeit der geplanten Maßnahmen und ggf. Anpassung der Maßnahmen im Projektverlauf muss eingeplant werden. Neue Stakeholder kommen hinzu, alte Stakeholder verlassen den Einflussbereich des Projektes.

5.3 Projektbeispiel - Stakeholderanalyse

Nr.	Stakeholder	Konflikt-potenzial	Macht	Interessen (V-Vermutet, B-Bekannt)	Einstell-ung Positiv: + Negativ: -
1	Pilot-Sonnenstudios (Betreiber)	Niedrig	Niedrig	Günstige Softwarelösung (B) Effiziente Abläufe (V)	+
2	Ausstatter v. Sonnenstudios Sunnie - Finanzierungspartner	Hoch	Hoch	Profit (G) Vermarktbare Lösung (V) Investitionssicherung (B)	+
3	Externe Mitarbeiter/Berater	Niedrig	Niedrig	Auftragslage erhalten (V)	+
4	Hardwarelieferanten	Niedrig	Niedrig	Profit (B)	+
5	Bank (Finanzierung)	Hoch	Hoch	Zinserträge (B) Risikominimierung (V)	-
6	Pilot-Sonnenstudios (Tester)	Niedrig	Hoch	Erweiterung der Erfahrung (V)	+
7	Egoflat (Hersteller von Sonnenbänken), Vertrieb	Niedrig	Niedrig	Zusätzliche Marketingchance (V) Vertriebserfolg (V)	+
8	GF ROT GmbH	Niedrig	Hoch	ROI (B); Diversifikation (B)	+
9	Solarienbetreiber (Polen)	Niedrig	Niedrig	Nutzung der Software (B) Preisvorteile beim Erwerb der Software (V)	+
10	Werbeagentur	Niedrig	Niedrig	Folgeaufträge (V) gute Referenzen (V)	+

Tabelle 7: Stakeholder-Tabelle

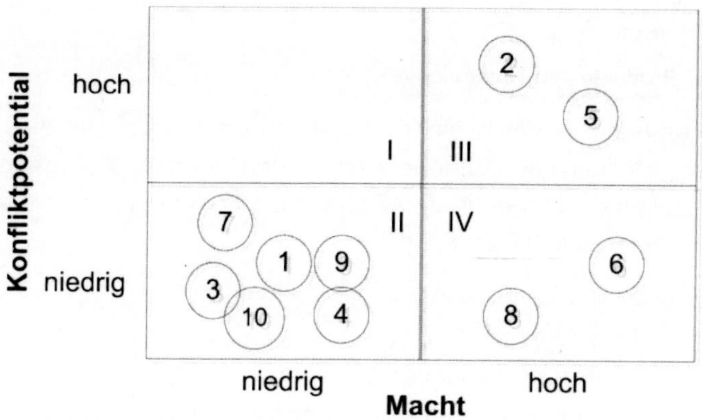

Abbildung 20: Stakeholder-Portfolio

Quadranten Strategie

Quadrant	Strategie (Einstellung: positiv (+), negativ(-))
I	Zusendung Infomaterial zum Projektinhalt (+/-) Aufnahme in den Infobriefverteiler (+/-)
II	Aufnahme in den Infobriefverteiler (+/-)
III	Persönliche Information durch den Projektleiter (monatlich) (+) Einladung zu fachlichen Workshops (+) Aufnahme in den Infobriefverteiler (-/+)
IV	Persönliche Information durch den Projektleiter (monatlich) (+) Aufnahme in den Infobriefverteiler (-/+)

Tabelle 8: Quadranten Strategie

Je nach der Einstellung zum Projekt können die Maßnahmen voneinander abweichen.

6. PROJEKTPHASEN

PM3: 1.11 Projektphasen

PM3: 3.07 System, Produkte und Technologie--

Projekte sind von Natur aus von einer gewissen Komplexität. Um dieser Komplexität Herr zu werden, müssen die Aufgaben strukturiert werden. Vorgehensmodelle sind hier ein probates Mittel, Klarheit in den Projektablauf zu bekommen. Generell können Vorgehensmodelle eingeteilt werden in:[13]

- Sequenzielle Vorgehensmodelle
- Prototypische Vorgehensmodelle
- Wiederholende Vorgehensmodelle
- Wiederverwendungsorientierte Vorgehensmodelle

6.1 Vorgehensmodelle

Vorgehensmodelle stellen Methoden und Elemente, inklusive des Projektmanagements, zu Prozessen und Projektphasen in einem standardisierten Modell zur Verfügung. Bekannte Modelle sind:

- Wasserfallmodell
- Allgemeines V-Modell
- HOAI
- PRINCE2®
- V-Modell XT®
- Rational Unified Process® - RUP
- Agiles Projektmanagement (SCRUM, xP,...)

6.1.1 WASSERFALLMODELL

In der Literatur werden die Phasen des Wasserfallmodells in unterschiedlicher Zahl und Benennung zitiert[14]. Gemeinsam ist, dass es sich um Projektphasen mit definierten Übergabepunkten handelt (Stagewise Modell oder auch Stage-Gate-Verfahren).

---

[13] vgl. [8] Seite 4ff.

[14] vgl. ebenda Seite 5

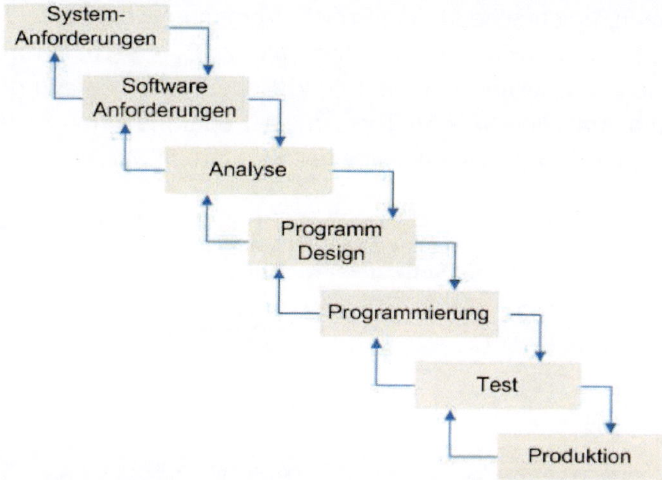

Abbildung 21: Wasserfallmodell[15]

Vorteile

- Einfach verständlich
- Kontrollierbarer Verlauf
- Gute organisatorische Abwicklung
- Wenig Managementaufwand

Nachteile

- Systemhörigkeit
- Risiken und Fehler werden zu spät erkannt und teuer bezahlt.
- Veränderungen und Anpassungen bleiben unberücksichtigt.

6.1.2 V-MODELL

In der Praxis sind viele Varianten des V-Modells anzutreffen. Die Eigenschaft von V-Modellen ist, dass großen Wert auf Qualitätssicherung gelegt wird, d. h. jede Entwicklungsstufe korrespondiert mit einer Teststufe (QS).

[15] Angelehnt an [49]

Ein V-Modell kann, entsprechend dem Projekt-Vorgehen, weniger, mehr oder andere Stufen aufweisen. Entwicklungsdokumente (wie z. B. Geschäftsvorfälle, Anforderungsspezifikationen, Entwurfsdokumente und Codes), die während der Entwicklung entstehen, sind oftmals die Basis für Tests in einer oder mehreren Stufen. Die folgende Grafik zeigt ein typisches V-Modell aus der Softwareentwicklung.

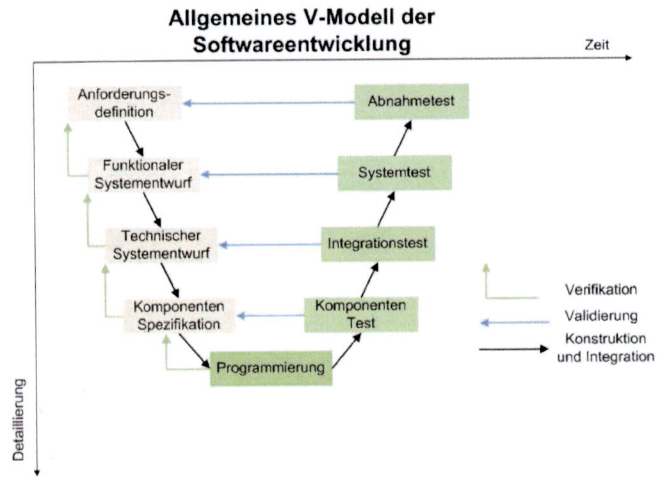

Abbildung 22: Allgemeines V-Modell

6.1.3 TAILORING

Um von einem allgemeinen Modell zu einem projektspezifischen Vorgehen zu gelangen wird ein Vorgehensmodell auf die Belange des Projektes angepasst. Hierbei spricht man von Tailoring.

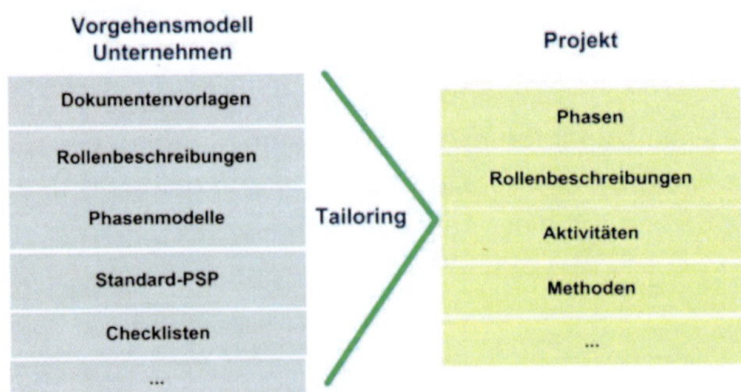

6.2 Phasenplanung

Je nach der Größe und Komplexität werden Projekte in Phasen eingeteilt. Im Phasenplan ist der er Projektverlauf in zeitlicher Abfolge in Form von Phasen, Aktivitäten, Meilensteinen und Meilensteinergebnissen dargestellt. Projektphasen enden jeweils mit einem Meilenstein. Eine zeitliche und inhaltliche Überlappung von Projektphasen ist möglich. Projektphasen fassen Zeitabschnitte inhaltlich zusammen.

6.2.1 DEFINITION

Projektphase

Eine Phase, im Kontext der IPMA, wird definiert als:

Ein bestimmter Abschnitt des Projektverlaufs, der von anderen Projektperioden klar abgegrenzt ist.[16]

Meilensteine

DIN 69900:2009: „Ereignisse mit besonderer Bedeutung"

Meilensteine dienen zur Markierung bedeutender Eckpunkte im Projektverlauf und dienen zur Orientierung und Statusverfolgung.

6.2.2 VORGEHEN

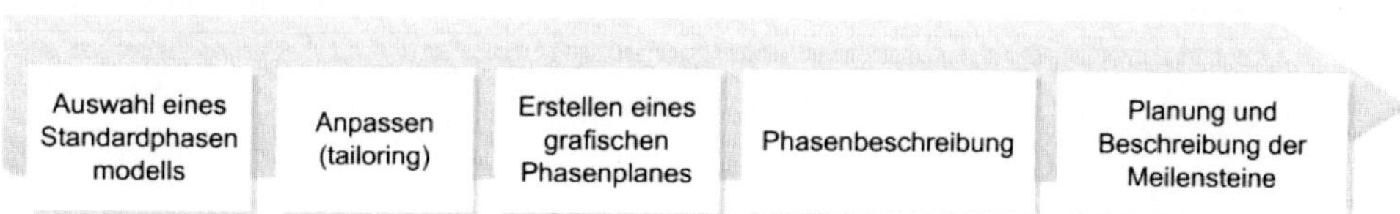

Regel für Meilensteine: mindestens am Anfang des Projektes und an jedem Phasenende ein Meilenstein. Meilensteine müssen SMART formuliert werden.

[16] vgl.: [31]

6.2.3 PROJEKTBEISPIEL - PHASENPLANUNG

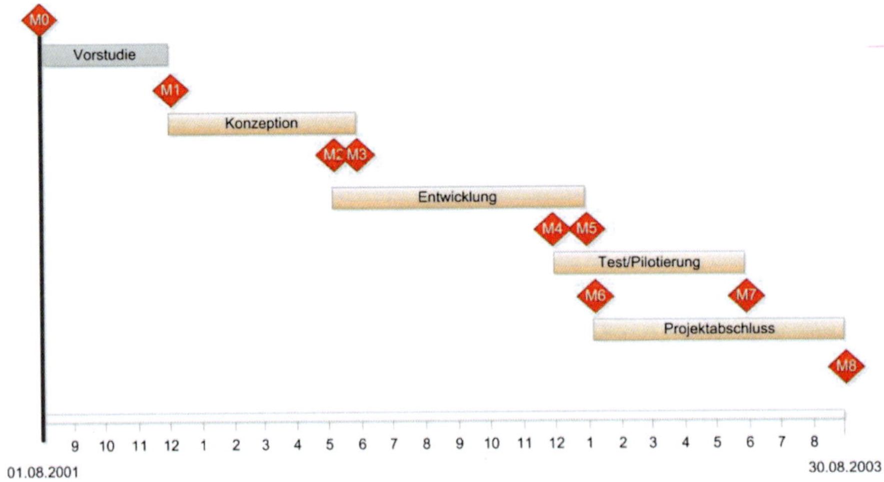

Abbildung 23: Grafischer Projektphasenplan

Phasenbeschreibung

Konzeptionsphase

Das Pflichtenheft wurde in einer separaten Vorstudie erstellt. In der Konzeptionsphase werden die Spezifikationen, auf Basis des Pflichtenheftes, für Hard- und Software erstellt und verfeinert. Als Rahmen musste auf die Einhaltung des Projekthandbuches der ROT GmbH geachtet werden. Bei Interpretationsspielraum im Pflichtenheft muss eine sofortige Klärung der Details mit dem Auftraggeber vorgenommen werden.

Entwicklungsphase

Auf Basis der abgenommenen Spezifikationen wird die Umsetzung vorgenommen. Die Hardware wird assembliert und einem Lasttest unterzogen. Die Software wird programmiert und Entwicklertests durchgeführt. Parallel werden die technischen Zulassungen eingeholt.

Der Prototyp wird erstellt und mit den Auftraggebern eingehend geprüft und ggf. Anpassungen vorgenommen.

Test-/Pilotierungsphase

Integrations- und Abnahmetests durch Entwickler und Auftraggeber. Nach der Kunden-Abnahme beginnt der Start der Pilotierung.

Die Software sowie die Hardware werden einzeln und im Zusammenspiel umfangreich getestet. Besonderes Augenmerk wird auf die Sicherheit der elektrischen Anlagen, sowie auf die Fehlerbehandlung der Hard- und Software gelegt, um Schäden an Personen, z. B. durch zu lange Laufzeit einer Sonnenbank, möglichst auszuschließen.

Projektabschlussphase

In dieser Phase werden die Projektergebnisse an die Linie übergeben, Erfahrungen aus der Projektarbeit ausgewertet, der Abschlussbericht erstellt sowie die Projektorganisation aufgelöst.

Meilenstein	Ergebnis
M0 Start Vorstudie	Nicht im Projektumfang
M1 Start Umsetzungsprojekt	Pflichtenheft mit Projektauftrag liegt genehmigt vor.
M2 Entwicklungsbeginn	Technische Spezifikation vom Lenkungsausschuss abgenommen.
M3 Ende Konzeptionsphase	Alle Abnahmetestfälle sind definiert.
M4 Testbeginn	Basissystem 1 von Entwicklern freigegeben.
M5 Ende Entwicklungsphase	Systemintegrationstests ohne Fehler der Klasse 3 abgeschlossen.
M6 Beginn Projektabschlussphase	Entwicklungsende in LA-Statussitzung beschlossen.
M7 Ende Test/Pilotierung	Pilotierungsbericht liegt unterschrieben ohne Auflagen vor.
M8 Projektende	Alle definierten Lieferobjekte sind von Auftraggeber ohne Auflagen abgenommen.

Tabelle 9: Meilensteine

Simultanious Engineering

Unter diesem Begriff wird die Parallelisierung von Arbeitsschritten verstanden. Der hierdurch erzielte Zeitvorteil wird ggf. wieder durch einen erhöhten Abstimmbedarf konterkariert. Ohne ein wirksames Konfigurationsmanagement ist Simultanious Engineering nicht sinnvoll einsetzbar.
Den Schwerpunkt des Simultaneous Engineering bilden Praxiskonzepte, die darauf abzielen, durch weitgehende Parallelisierung von Aufgaben und Prozessen, Durchlaufzeiten zu verkürzen und die Wertschöpfungskette zu optimieren.[17]
Simultaneous Engineering bietet nicht nur Chancen, sondern auch Risiken und Probleme, die dann auftreten, wenn die Voraussetzungen und Rahmenbedingungen für den Einsatz nicht gegeben sind.

Qualifikation

Sowohl an die Projektleiter als auch an die Mitarbeiter werden hohe Qualifikationsansprüche gestellt. Von den Leitern ist ein hoher Koordinationsaufwand zu bewältigen, von den Mitarbeitern wird eine hohe Teamfähigkeit verlangt.

Informationssicherheit

Bei zeitgleicher Abwicklung mehrere Prozesse muss die Qualität der Informationen, die zwischen den Prozessbeteiligten ausgetauscht werden, korrekt und aktuell sein. Dies stellt erhöhte Anforderungen an die Kommunikationsfähigkeit der Beteiligten Mitarbeiter. Evtl. hieraus entstehende Fehlerkosten können das Projektbudget belasten.

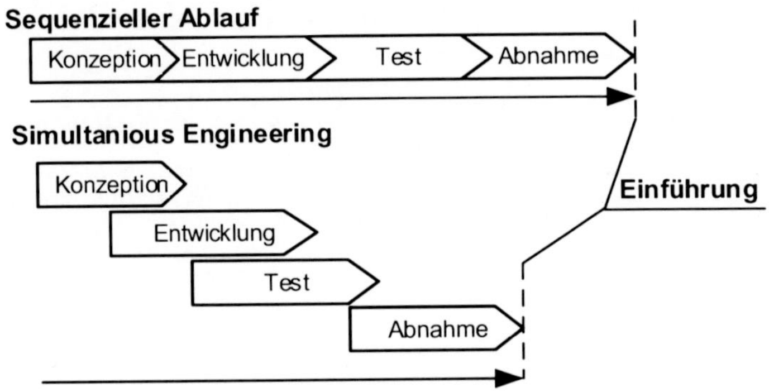

[17] Vgl: Corsten, H., Projektmanagement, R. Oldenbourg Verlag, München, Wien, 2000.

7. PROJEKTORGANISATION

PM3: 1.06 Projektorganisation

Eine Organisation lässt sich generell in drei Komponenten einteilen:[18]

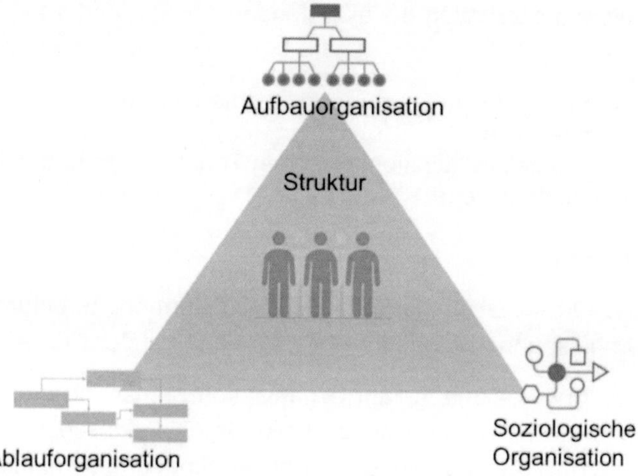

Abbildung 24: Komponenten der Projektorganisation

Aufbauorganisation und Ablauforganisation betrachten die gleichen Objekte unter verschiedenen Aspekten und hängen voneinander ab.

Aufbauorganisation

Die Aufbauorganisation bildet den hierarchischen Aufbau einer Organisation (Projekt, Unternehmen) ab. Sie legt die Rahmenbedingungen, Aufgaben, Kompetenzen, Verantwortungen und Meldewege fest. D. h. welche Aufgaben werden von welchen Menschen und mit welchen Sachmitteln bewältigt: Sie beantwortet folgende Fragen:

- Welche Organisationseinheiten sind beteiligt?
- Über-, Unterordnungen?
- Welche Projektgremien gibt es?
- Wie ist der Berichtsweg?

[18] vgl. [62] Seite 183 ff.

Ablauforganisation

Die Ablauforganisation definiert die Arbeitsprozesse unter Berücksichtigung von Personal, Raum, Zeit und Sachmitteln. Die Ablauforganisation legt somit innerhalb des Rahmens der Aufbauorganisation die ablaufenden Arbeits- und Informationsprozesse fest:

- Regelung der Aufgaben und Rechte von Personen
- Kompetenzen
- Schnittstellendefinition zwischen Teams intern und extern
- Eskalationswege

Soziologische Organisation

Die soziologische Organisation berücksichtigt die Formen, Strukturen und internen Prozesse von Organisationen sowie ihre Interaktionen mit der Umwelt.

Während sich die Aufbau- und Ablauf-Organisation primär mit der Zweckmäßigkeit und wirtschaftlichen Effizienz befasst, zielt die Organisationssoziologie auf die weichen Faktoren. D. h. die Betrachtung informeller Strukturen, Team-Mitglieder, Ziele und Funktionen sowie das individuelle Verhalten unter Gesichtspunkten von sozialer Interaktion.

Grundsätzlicher Unterschied zwischen Projekt und Linienorganisation

Projektorganisation	Linienorganisation
Temporär - wird aufgelöst, wenn das Projekt beendet ist.	Permanent - unterliegt normalerweise keinen oder nur relativ seltenen Änderungen.
Orientiert sich an dem zu erreichenden Ziel, dem Projektziel.	Orientiert sich an den zu erledigenden Aufgaben eines Unternehmens (z. B. Marketing, Personal, Konstruktion, Fertigung).
Ist in der Regel interdisziplinär besetzt.	Vereinigt in der Regel je Organisationseinheit Spezialisten einer Fachrichtung.

Tabelle 10: Gegenüberstellung der Organisationsformen

AKV

AKV steht für Aufgaben, Kompetenz und Verantwortung in der Organisationslehre.[19] Ziel ist es, dass alle Mitglieder der Organisation wissen, was sie im Rahmen ihrer Rolle zu tun haben und wofür sie verantwortlich sind.

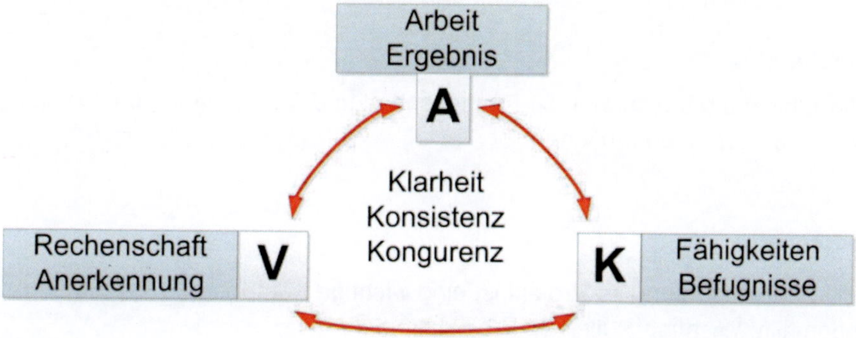

Abb. 2: AKV-Modell

Entscheidend für den Erfolg in einer Rolle sind die Kongruenz von Verantwortung, Aufgaben und Kompetenz.

Aufgabe

Abgegrenzte Tätigkeit, die sich aus Projektstrukturierung und Rollenbeschreibungen ergibt.

Kompetenz

Unter dem Begriff Kompetenz wird einerseits verstanden, die Fähigkeit und Erfahrung/Wissen situationsgerecht anzuwenden. Folgende Kompetenzen können unterschieden werden:

- Fachkompetenz
- Methodenkompetenz
- Soziale Kompetenz
- Persönliche Kompetenz

---

[19] vgl. [37] Seite 121f.

Andererseits wird auch die Befugnis bzw. die Berechtigung zu rechtlich wirksamen Handlungen, im Namen und im Auftrag der Organisation bzw. des Projektes, als Kompetenz bezeichnet (z. B. disziplinarische Weisungsbefugnis, fachliche Weisungsbefugnis, Prokura, Vertretungsberechtigung, Vollmacht).

Verantwortung

Eine Verantwortung beschreibt die Rechenschaft und Anerkennung bei Erfolg bzw. Misserfolg der Aufgabenerfüllung.

7.1 Rollen

Auch die Rollenverteilung im Projekt ist eine wichtige Komponente, die Streitigkeiten vermeiden hilft. Wichtige Rollen im Projekt sind:[20]

- Auftraggeber
- Auftragnehmer
- Lenkungsausschuss
- Steeringkomitee/Steuerungsgremium
- Projektleiter
- Projektteam

Auftraggeber (AG)
Der Auftraggeber, oft auch als Projektsponsor bezeichnet, ist die Person oder Organisation, welche die Durchführung des Projekts beauftragt. Der AG stellt das Budget zur Verfügung und führt die Abnahme des Projektergebnisses durch.

Auftragnehmer (AN)
Der Auftragnehmer lässt sich nur in Verbindung mit dem Auftraggeber definieren. So ist bspw. bei einem externen Entwicklungsauftrag der externe Kunde der Auftraggeber des durchführenden Unternehmens. Aus Sicht des Projektleiters ist jedoch die Geschäftsführung der Auftraggeber und der Projektleiter der Auftragnehmer.

[20] vgl. [43] 103ff.

Lenkungsausschuss / Project Authority
Der Lenkungsausschuss ist eine zeitlich begrenzt eingesetzte Instanz, die als Entscheidungs- und Eskalationsgremium für ein Projekt fungiert.

Steeringkomitee/ Steuerungsgremium
Ein Steeringkomitee/Steuerungsgremium ist in der Regel eine dauerhafte Einrichtung im Unternehmen. Dem Steeringkomitee obliegt die Steuerung der Projekte, Entscheidung bei Bedarf sowie die formelle Entlastung des Projektleiters.

Projektleiter
Der Projektleiter plant und steuert das Projektteam mit den ihm zugestandenen Kompetenzen.

Projektteam
Das Projektteam arbeitet am Projektgegenstand und wird aus Projektleiter und den Projektmitarbeitern gebildet.

7.2 Definitionen

Stammorganisation
Langfristig eingerichtete, zeitlich nicht begrenzte Unternehmensstrukturen werden als Stammorganisation bezeichnet.

Projektorganisation
Eine Projektorganisation ist spezifisch, temporär und an die verschiedenen Phasen des Projektlebenszyklus angepasst.

Programmorganisation
Ein Programm fasst mehrere Projekte, die zum Erreichen eines übergeordneten Zieles benötigt werden, zusammen.

Portfolioorganisation
Ein Portfolio fasst mehrere Projekte oder Programme zusammen.

7.3 Aufbauorganisation - Organisationsformen

Generell werden drei Basisorganisationsformen unterschieden:

- Einfluss-Projektorganisation
- Reine Projektorganisation
- Matrixorganisation

7.3.1 EINFLUSS-PROJEKTORGANISATION

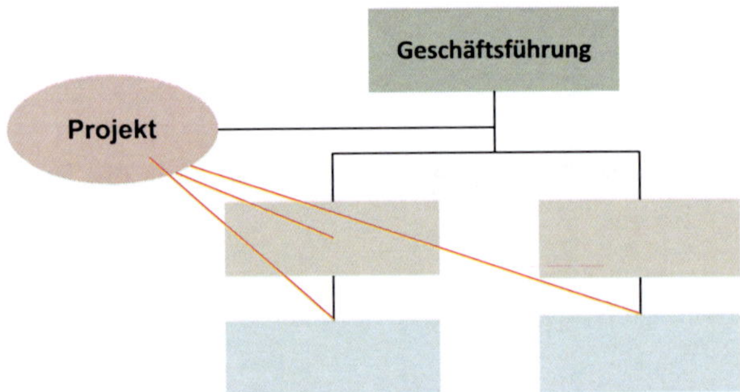

Abbildung 25: Einfluss-Projektorganisation

Vorteile	Kostengünstig und schnell einzurichten. Wenig Widerstand in der Linie Flexible Mitarbeiterauslastung
Nachteile	Mangelnde Durchsetzungsfähigkeit des Projektleiters. Entscheidungen allein in den Linieninstanzen Mehrfachbelastung der Mitarbeiter (Linie und Projekt) PL wird als Bittsteller wahrgenommen.
Aufgabe des Projekt-leiters (PL)	Projektverlauf in sachlicher und terminlicher Hinsicht sowie unter Kostenaspekten koordinieren. Informationen sammeln und aufbereiten, Entscheidungen vorbereiten und Vorgehensvorschläge erarbeiten.
Verantwortung des PL	Keine
Kompetenz des PL	Koordination der Projektaktivitäten Beratung Keine Weisungsbefugnis!

Tabelle 11: Einfluss-Projektorganisation – Vor- und Nachteile

7.3.2 MATRIXORGANISATION

Die Matrix-Projektorganisation wird häufig in der Praxis angewendet, weil der organisatorische Eingriff und die geschaffenen Projektbeziehungen verhältnismäßig gering sind. Bei dieser Projektorganisationsform werden die Zuständigkeiten zwischen dem Linien- Vorgesetzten und dem Projektleiter aufgeteilt.

Während der Linien-Vorgesetzte seine disziplinarische Weisungsbefugnis behält, trägt der Projektleiter die volle Verantwortung für das Projekt und ist den Projektmitgliedern gegenüber in Bezug auf die Projektbelange weisungsberechtigt. Wie in der Einfluss-Projektorganisation sind die Projektmitglieder auch bei der Matrix-Projektorganisation flexibel und können entweder zusätzlich an anderen Projekten oder an in ihren Routinetätigkeiten arbeiten.

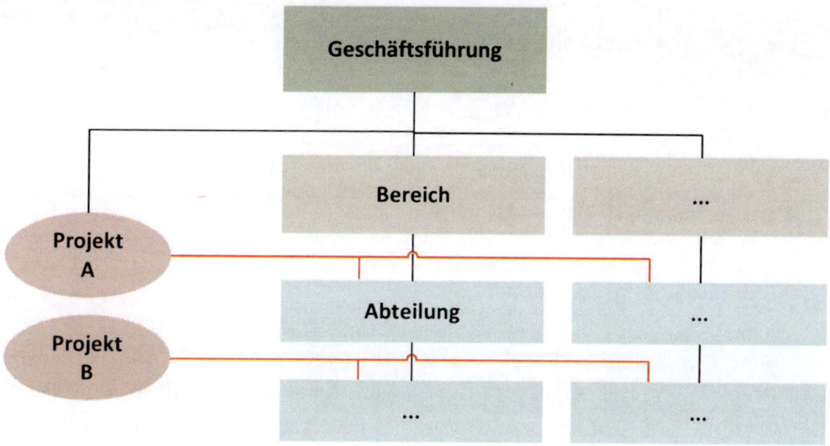

Abbildung 26: Matrix-Projektorganisation

Vorteile	• Organisatorischer Eingriff in die Stammorganisation gering • Mitarbeiter sind weiterhin in den Fachabteilungen verfügbar. • Gezielter Einsatz von Fachkräften • Ressourcen stehen dem Projekt bei Bedarf zur Verfügung – gute Auslastung.
Nachteile	• Konflikte mit der Linie • Hoher Kommunikationsbedarf • Die Bedeutung des Projektes wird nicht deutlich. • Hohes Konfliktpotenzial bei mangelnder Abgrenzung der Befugnisse. • Zielkonflikte durch mehrere Vorgesetzte
Aufgabe des Projektleiters (PL)	Fachliche Leitung des Projektes
Verantwortung	Fachliche Weisungsbefugnisse
Kompetenz des PL	Verantwortung für das Projektergebnis

Tabelle 12: Matrixorganisation – Vor- und Nachteile

7.3.3 REINE PROJEKTORGANISATION

Die autonome oder auch Reine Projektorganisation, ist dadurch gekennzeichnet, dass der Projektleiter mit einer großen Machtfülle ausgestattet ist. Die Projekt-Mitarbeiter werden auf Dauer dem Projekt unterstellt und von ihrer Linienaufgabe freigestellt.

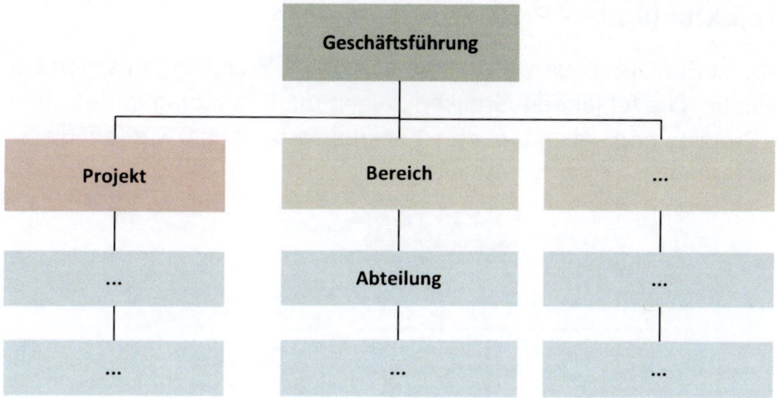

Abbildung 27: Autonome-Projektorganisation

Vorteile	• Koordinationsmöglichkeit erleichtert. • Geringeres Konfliktpotenzial ggü. der Linie • Mitarbeiter aus dem Tagesgeschäft herausgelöst: Effizienzgewinn. • Schnelle Entscheidungswege. • Hohe Identifikation mit dem Projekt
Nachteile	• Erheblicher Eingriff in die Unternehmensstruktur • Auslastung der Mitarbeiter unregelmäßig • Eingliederungsproblem der Mitarbeiter nach Ende des Projektes • Gefahr des Eigenlebens
Aufgabe des Projektleiters (PL)	Inhaltliche und fachliche Leitung des Projekts
Verantwortung	Disziplinarische und fachliche Kompetenz
Kompetenz des PL	Gesamtverantwortung für das Projektergebnis, Termine und Kosten

Tabelle 13: Autonome Projektorganisation – Vor und Nachteile

7.4 Projektbeispiel - Projektorganisation

Für das Projekt SunOrganizer wurde eine autonome Projektorganisation beschlossen und eingerichtet. Die folgenden Grafiken zeigen die Einbettung in das Unternehmen, sowie die Projektorganisation. In den Lenkungsausschuss wurden die wichtigsten Stakeholder berufen.

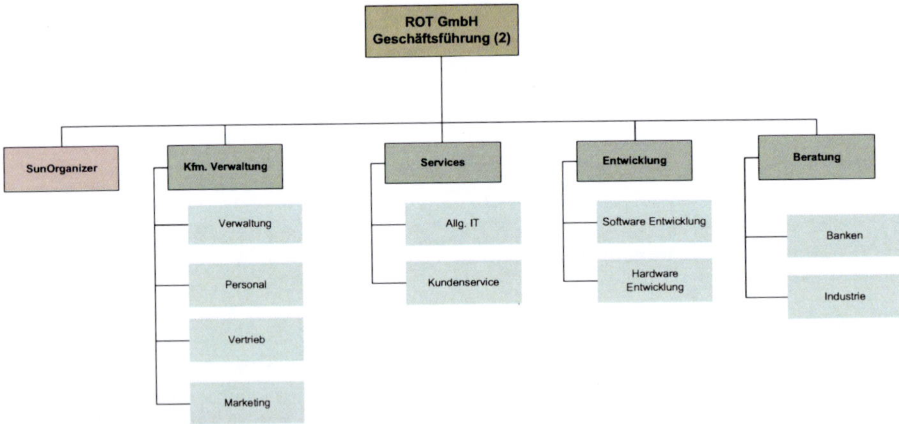

Abbildung 28: Stammorganisation – ROT GmbH

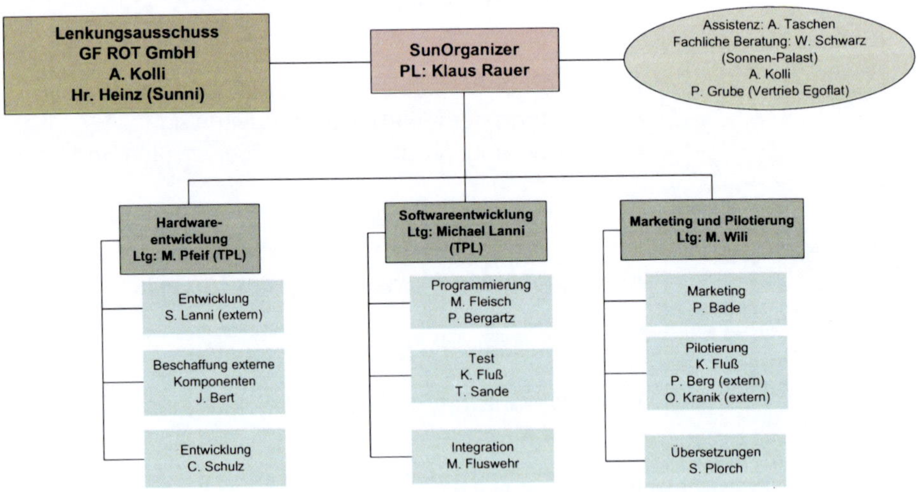

Abbildung 29: Projekt-Organisation SunOrganizer – autonome Projektorganisation

7.5 Auswahl der Organisationsform

Für die Auswahl der Projekt-Organisationsform können u. a. diese Kriterien herangezogen werden:

- Sehr große Bedeutung für das Unternehmen
- Geringer/Hoher Projektumfang
- Risiko (hoch/niedrig)
- Hoher Zeitdruck
- Komplexitätsgrad
- Betroffenheit der Mitarbeiter
- Projektleiter im Teil- oder Vollzeiteinsatz
- Neue Technologie
- Projektdauer
- Mitarbeiter in Teilzeit oder Vollzeit
- Externe Beteiligung
- ....

8. RISIKEN UND CHANCEN

PM3: 1.04 Risiken und Chancen

Es wird schon gut gehen!

Mit dieser Einstellung starten viele Projekte und verdrängen dabei viele oder sogar alle Risiken eines Projekts. Risikomanagement wird, insbesondere bei kleineren Projekten, häufig vernachlässigt. Sprachlich werden Risiken zuweilen sogar verniedlich:

Ein Kunde äußerte sich einmal wie folgt: „Wir haben keine Risiken, sondern Herausforderungen! Also nennen wir es Herausforderungsmanagement".

Besser ist es jedoch die Risiken aktiv anzugehen. Tom de Marco schrieb im Buch „Der Termin": „Managen Sie ihre Projekte, indem Sie ihre Risiken managen."[21] Und führte weiter aus: „Risikomanagement ist Projektmanagement für Erwachsene". [22] Das Projekt-Risikomanagement ist ein systematischer Prozess der Identifizierung, Analyse und Reaktion auf Projektrisiken.

Dies umfasst sowohl:

- Das Maximieren der Wahrscheinlichkeit und Folgen von positiven Ereignissen und (Chancen), als auch
- Das Minimieren der Wahrscheinlichkeit und Folgen negativer Ereignisse, die sich auf das Projektziel auswirken können (Risiken).

8.1 Definition

Ein Risiko beschreibt eine zukünftige, negative Auswirkung auf das Projekt.

8.2 Vorgehen

Die folgende Abbildung zeigt den generellen Prozess des Risikomanagements. Die Abbildung 30: Genereller Ablauf des Risikomanagements verdeutlich das Vorgehen im Detail. Wichtig ist bei der Risikoanalyse, dass sie immer im Team durchgeführt

[21] Quelle: [13]
[22] Quelle: [12]

wird, um unterschiedliche Erfahrungen und Sichtweisen mit in die Betrachtung einzubeziehen.[23]

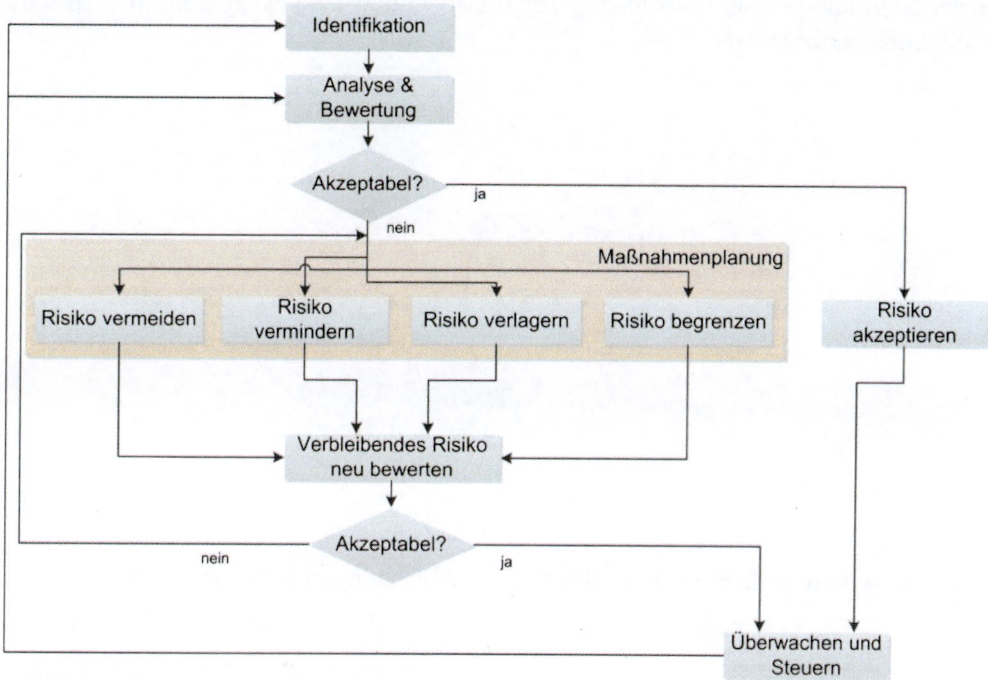

Abbildung 30: Genereller Ablauf des Risikomanagements[24]

Schritt 1: Identifikation von Risiken

Für diesen Schritt sollten Fachgebietsspezialisten, Beteiligte, Projektteam und externe Experten hinzugezogen werden.

- Risiken aufspüren, die sich auf das Projekt auswirken können.
- Interne und externe Risikoquellen finden und darstellen.
- Ursachen und Auswirkungen der Risiken zeigen.

[23] Angelehnt an [28] Seite 15

[24] vgl. [28] Seite 13

Quellen zur Identifikation von Risiken können Terminpläne, Umfeldanalyse, Stakeholderanalyse, Verträge, Lastenheft, Pflichtenheft, Ressourcenplanungen etc. sein. Risikoarten können als Hilfestellung zur Risikofindung eingesetzt werden. Typische Kategorien (Arten) sind:

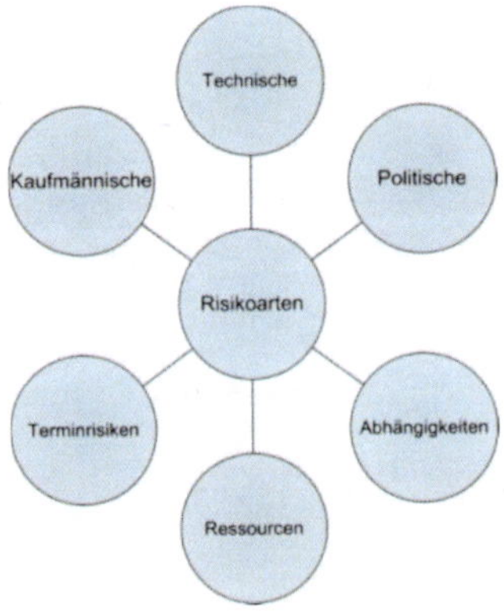

Abbildung 31: Risikokategorie nach Risikoarten

Die gefundenen Risiken werden erfasst und möglichst präzise beschrieben.

Nr	Beschreibung	Risikoart
1	Keine Zulassung elektr. Komponenten in Polen	Politisch

Tabelle 14: Risikotabelle Schritt 1

Schritt 2: Analyse & Bewertung der Risiken

In zweiten Schritt werden die Risiken weiter spezifiziert. Die Ursachen und Auswirkungen auf das Projekt ermittelt, beschrieben und monetär bewertet.

Bei der Analyse der gefundenen Risiken unterscheidet man zwischen qualitativen und quantitativen Risiken. Die quantitativen Risiken können sofort bewertet und berechnet werden. Die qualitativen Risiken müssen zunächst mit einer Bewertungs- oder Berechnungsgrundlage versehen werden. Bspw. sind Reputationsschäden nur schwer monetär bewertbar.

Alle Risiken müssen monetär mit einer vermuteten Schadenshöhe (SH) bewertet werden. Zusätzlich wird die Eintrittswahrscheinlichkeit ermittelt/geschätzt. Aus diesen Werten wird dann der Risikowert (RW) berechnet:

Eintrittswahrscheinlichkeit (EW) x Schadenshöhe (SH) = Risikowert (RW)

Nr	Ursache	Auswirkung	Art	EW %	SH in €	RW in €
1	Markprotektionismus der Behörden	Verspäteter Einsatz ca. 6 Monate Verzögerung	politisch	20	30.000,-	6.000,-

Tabelle 15: Risikotabelle Schritt 2

Der Risikowert ist der gewichtete Mittelwert, falls ein Risiko eintritt. Die Summe der Risikowerte wird oft als Risikorückstellung im Projektbudget aufgenommen. Eine andere Möglichkeit ist eine prozentuale Risikorückstellung bzw. ein Risikoaufschlag auf das Projektbudget (bspw. 15% von den Plankosten).

Zur Visualisierung der Risiken kann ein Risikoportfolio eingesetzt werden, um daraus Maßnahmen abzuleiten.

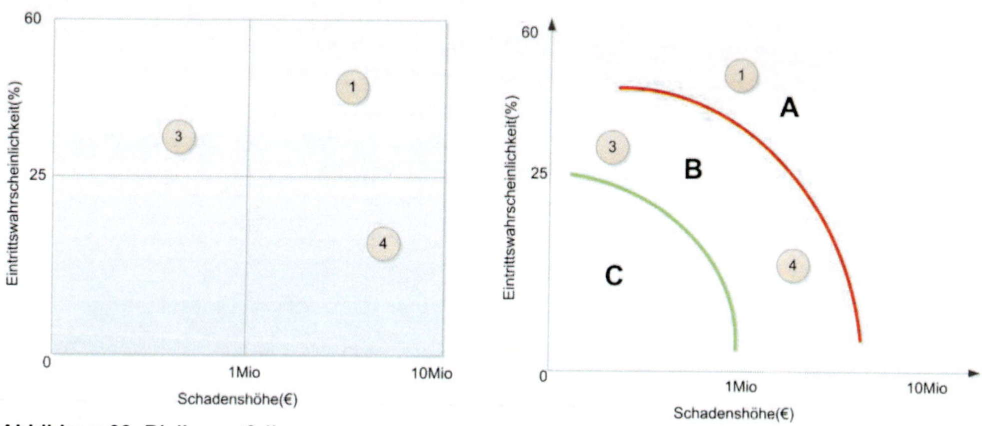

Abbildung 32: Risikoportfolio

Schritt 3: Maßnahmen planen

Nachdem die Risiken bewertet wurden, können geeignete Maßnahmen geplant werden. Hierbei ist die jeweilige Risikopräferenz des Projekts maßgeblich. Bei per se risikoreichen Projekten wird in der Regel ein höheres Risiko akzeptiert als bei „Standardprojekten“.

Generell wird zwischen präventiven Maßnahmen, die vor dem Risikoeintritt auf die Höhe der Eintrittswahrscheinlichkeit wirken, und kurativen Maßnahmen, die die Schadenshöhe begrenzen, unterschieden. Zusätzlich sollten die Strategien der Risikobegegnung festgelegt werden:[25]

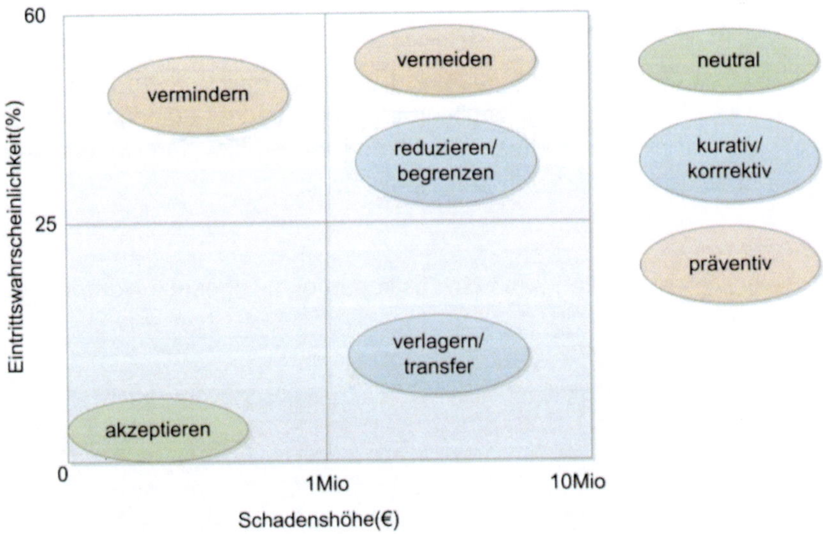

Abbildung 33: Risikostrategie

[25] vgl. [43] Seite 246.

Strategie zur Risikobegegnung	Bedeutung
Akzeptieren	Bei Schadenseintritt werden die Kosten aus dem Projektbudget getragen.
Vermindern	Verminderung der Eintrittswahrscheinlichkeit bspw. durch alternativ Vorgehensweisen (Einsatz einer bewährten Technik an statt einer neuartigen unerprobten Technik).
Vermeiden	Das Risiko wird eliminiert, d. h. nicht eingegangen. An statt der gefährlichen Reiseroute durch die Untiefen einer Meerenge, wird der sichere Weg über die Alternativroute gewählt.
Verlagern	Risiko an einen Anderen adressieren. Z. B. Abwälzen auf Lieferanten.
Begrenzen	Begrenzen der Schadenshöhe, z. B. durch Versicherungen.

Tabelle 16: Risikostrategie 1

Nach der Festlegung der Strategie und Planung von potenziellen Maßnahmen, wird entschieden, welche Maßnahmen durchgeführt werden. Die Kosten der Maßnahmen werden dem Projektbudget zugerechnet:

Nr	Maßnahme	Wirkung/Art	Kosten €	Durchführung: ja/nein
1.1	Tragen	Kurativ	30.000,-	Nein
1.2	Vorgespräche in Polen führen	Präventiv	5.000,-	Ja

Tabelle 17: Risikostrategie 2

Im Anschluss daran, werden die Risiken (EW, SH, RW) neu bewertet und die neue Summe der Risikowerte ggf. dem Budget zugerechnet.

Schritt 4: Risiko-Controlling

Das Risiko-Controlling ist die Überwachung und Verfolgung der identifizierten Risiken und ist ein sich wiederholender Prozess während der gesamten Dauer des Projekts.

- Neue Risiken müssen identifiziert werden und kommen hinzu, z. B. aus Änderungsanforderungen.
- Umsetzung der Risikopläne und der Beurteilung ihrer Effizienz für die Risikoreduzierung

8.3 Praxisbeispiel - Risikoanalyse

Analyse und Bewertung der fünf wichtigsten Risiken

Nr	Beschreibung	Ursache	Auswirkung	Art	EW %	SH in €	RW in €
1	Hardware Standardkomponenten entsprechen nicht den Anforderungen	Fehlendes Know-How	Eigenentwicklung notwendig	T	20	30.000,-	6.000,-
2	Finanzierung: Bank stellt das Darlehen nicht bereit	Unterlagen nicht ausreichend	Höhere Zinsen	K	10	50.000,- * 0,05%*2 = 50,-	5,-
3	Qualifikation der abgestellten Mitarbeiter nicht ausreichend	Fehlende Ausbildung der MA	Verzögerung um 1 Monat	R	5	1 Monat*5 MA*50,- = 40.000,-	2.000,-
4	Gesetzeslage in Polen zu technischen Anlagen noch unklar	Fehlende Erfahrung im polnischen Umfeld	Nacharbeiten an technischen Komponenten notwendig	P	5	10.000,-	500,-
5	Firma Sunnie kommt finanzieller Verpflichtung nicht nach	Liquiditätsengpass	Eigenfinanzierung notwendig	K	10	10.000,-	1000,-
			Summe				**9.505,-**

Tabelle 18: Risikotabelle Schritt 2

Legende: T -Technisch K - Kaufmännisch R - Ressourcen P – Politisch

Risiko-Portfolio vor Maßnahmenplanung

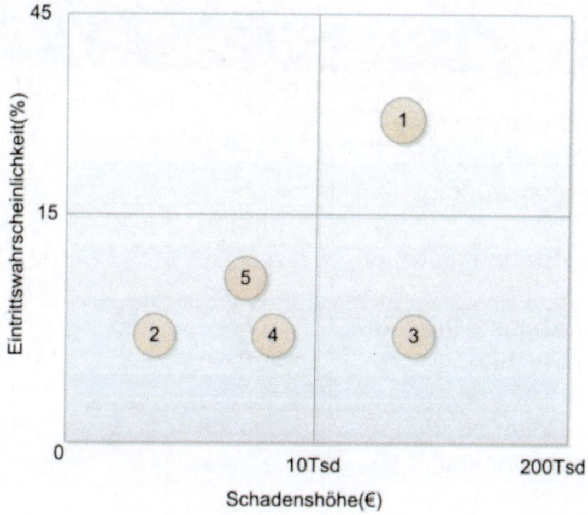

Abbildung 34: Risikoportfolio vor Maßnahmenplanung

Maßnahmenplanung

Nr	Maßnahme	Wirkung/Art	Kosten €	Durchführung: ja/nein
1.1	Tragen	Kurativ	30.000,-	Ja
1.2	Anderen Lieferanten suchen	Präventiv	5.000,-	Nein
2	Tragen	Kurativ	5,-	Ja
3.1	Externe MA	Kurativ	40.000,-	Nein
3.2	Ausbildung d. MA	Präventiv	5.000,-	Ja
4.1	Tragen	Kurativ	10.000,-	Nein
4.2	Rechtsanwalt konsultieren und Gutachten einholen	Präventiv	800,-	Ja
5.1	Eigenmittel einsetzen	Kurativ	100.000,-	Nein
5.2	Bürgschaft verlangen	Präventiv	0,-	Ja
	Summe		**6.305,-**	

Tabelle 19: Risikoanalyse – Maßnahmen

Bewertung der Risiken nach Maßnahmenplanung

Nr	Beschreibung	Risikoart	EW (%)	SH in €	RW in €
1	Hardware Standardkomponenten entsprechen nicht den Anforderungen; Eigenentwicklung notwendig	Technisch	20	30.000,-	6.000,-
2	Finanzierung Bank stellt das Darlehen nicht bereit	Kaufmännisch	10	50.000,- * 0,05%*2= 50,-	5,-
3	Qualifikation der abgestellten Mitarbeiter nicht ausreichend Verzögerung um 1 Monat	Ressourcen	0	1 Monat*5 MA*50,- =40.000,-	0,-
4	Gesetzeslage in Polen zu technischen Anlagen noch unklar - Nacharbeiten notwendig	Politisch	1	10.000,-	200,-
5	Firma Sunnie kommt finanzieller Verpflichtung nicht nach	Kaufmännisch	0,1	0,-	0,-
	Summe				**6.205,-**

Tabelle 20: Risikoanalyse

Risiko-Portfolio nach Maßnahmenplanung

Hier zeigen sich die erwarteten Effekte der Maßnahmen. Diese gilt es im weiteren Projektverlauf zu beobachten.

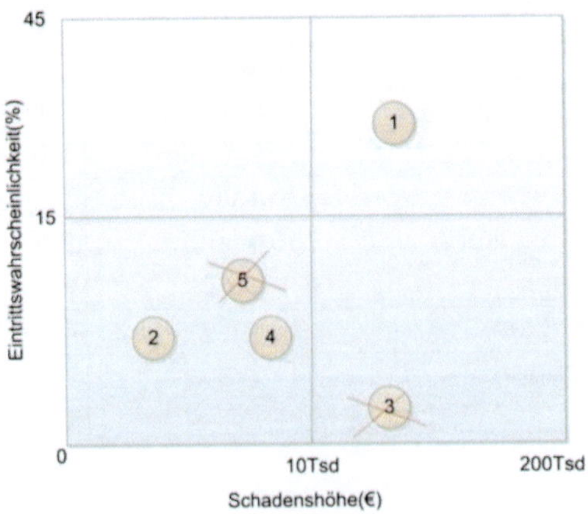

Abbildung 35: Risikoportfolio nach Maßnahmenplanung

9. PROJEKTSTUKTURPLANUNG

PM3: 1.09 Projektstrukturen

Der Projektstrukturplan (PSP) zerlegt das Projekt in kontrollierbare Teile, die Arbeitspakete.

Der Projektstrukturplan stellt den vollständigen Projektinhalt, Prozess und Projektgegenstand, als Tabelle und/oder grafisch in einer Baumstruktur dar und bildet somit das zentrale Instrument für die Kommunikation nach innen und außen. Der Projektstrukturplan bildet die Grundlage für die Aufwandschätzung sowie die folgenden weiterführenden Planungen wie Ablauf-, Termin und Ressourcenplanung.

Der PSP sollte zusammen mit dem Projektteam erstellt und abgestimmt werden.

9.1 Definition

Die DIN 69901-5:2009 definiert des PSP als "vollständige hierarchische Darstellung aller Elemente (Teilprojekte, Arbeitspakete) der Projektstruktur als Diagramm oder Liste".

9.2 Vorgehen

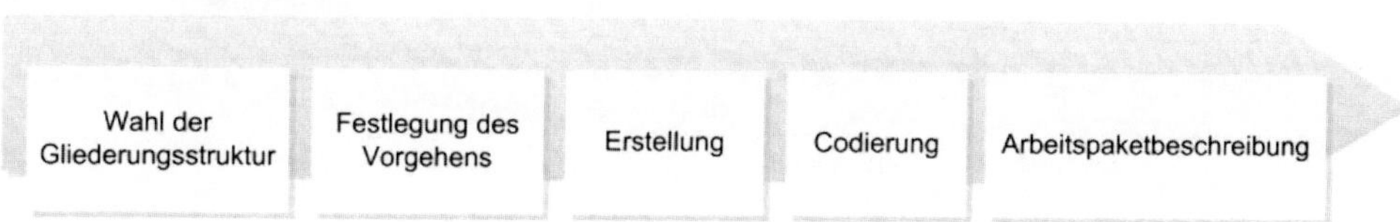

Gliederungsstruktur

Abhängig von der Projektart kann für den PSP zwischen verschiedenen Gliederungsprinzipien gewählt werden:

- Ablauf/Phasenorientiert - bspw. an der Phasenstruktur des Projekts
- Objektorientiert - nach Objekten wie (Auto: Motor, Fahrwerk, Inneneinrichtung)
- Funktionsorientiert - ...planen, ...erstellen, ...abnehmen
- Gemischtorientiert

Entwurfsmethoden – Festlegen des Vorgehens zur Erstellung des PSP

Beim Entwurf wird zwischen dem Bottom-Up und dem Top-Down Ansatz unterschieden:

Bottom-Up

Die Basisarbeitspakete werden identifiziert und nach oben verdichtet.

Top-Down

Erstellung einer übergeordneten Struktur und Verfeinerung nach unten.

Erstellung des PSP

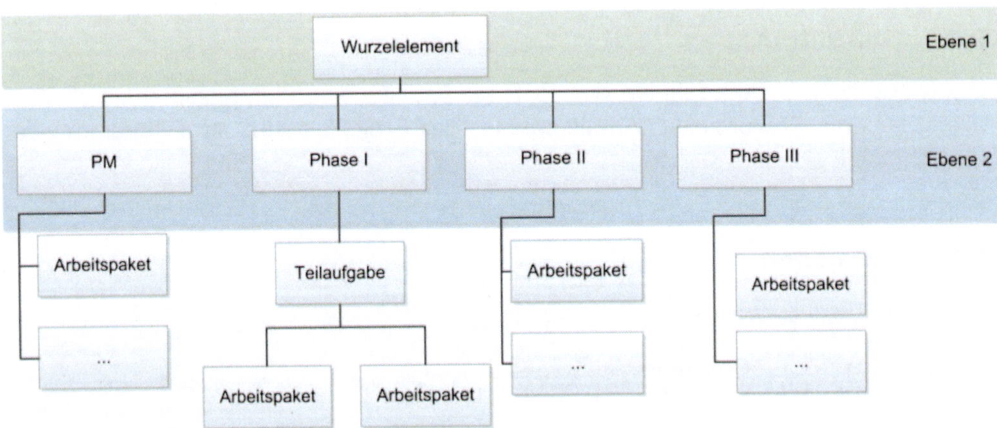

Abbildung 36: Elemente des PSP

Teilaufgaben

Teilaufgaben dienen als Strukturelement und verzweigen in mindestens zwei Arbeitspakete (AP) oder weitere AP und Teilaufgaben.

Codierung

Die Codierung des PSP ist generell freigestellt. Die Codierung des PSP dient vor allem zur eindeutigen Identifikation der Elemente. Dies ist sehr hilfreich zur Kommunikation sowie im Berichtswesen. Mögliche Codierungsformen sind:

- Alphabetisch A, Aa
- Numerisch 1; 1.1
- Alphanumerisch A10; A10.1
- Klassifizierend ZV01-AZV-2011

Arbeitspakete

Ein Arbeitspaket beschreibt eine in sich geschlossene Aufgabenstellung innerhalb des Projekts. Ein Arbeitspaket wird von einer einzelnen Person verantwortet und von einer Person oder organisatorischen Einheit bis zu einem festgelegten Zeitpunkt mit definiertem Ergebnis und Aufwand fertiggestellt. Ein Arbeitspaket sollte etwa 1-5% des Gesamtumfangens des Projekts ausmachen. Die Arbeitspakte werden unter der Verantwortung des Projektleiters, zusammen mit den Arbeitspaketverantwortlichen, definiert.

Arbeitspaketbeschreibung

Arbeitspaketbeschreibung	
Projekt:	Projekt-ID:
AP-Titel:	PSP-Code:
Verantwortlich:	
Ziele/Leistungsbeschreibung:	
Ergebnisse:	
Voraussetzungen:	
Beteiligte Personen:	
Aufwand: Personentage €	
Schnittstellen	
Fortschrittsmessung	
Anfang:	Ende:

Tabelle 21: Beispiel: Arbeitspaketformular[26]

[26] Quelle: Projektmanagementhandbuch ROT GmbH 2004

9.3 Projektbeispiel - Projektstrukturplan

Für das Projekt SunOrganizer wurde ein phasenorientierter PSP gewählt. Die Projektmanagementtätigkeiten sind als separater Zweig dargestellt.

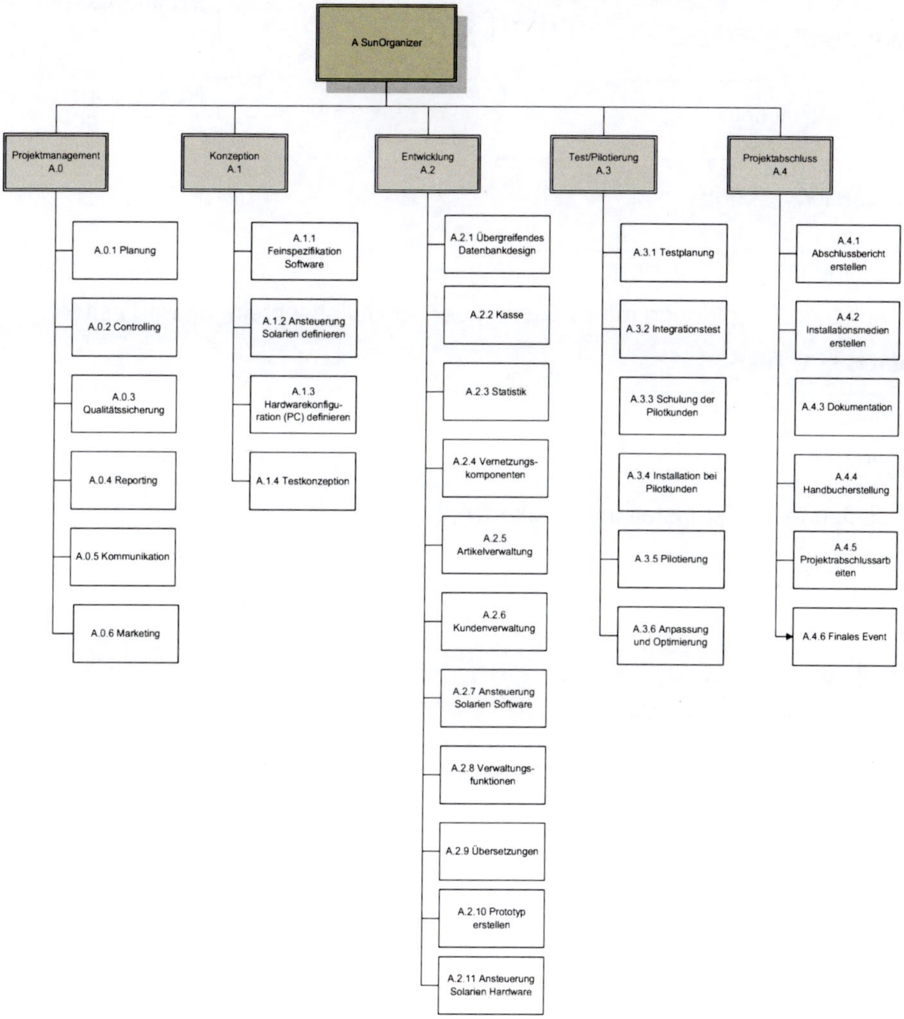

Abbildung 37: Projektstrukturplan Sun-Organizer

Arbeitspaketbeschreibung	
Projekt: SunOrganizer SunOrganizer	Projekt-ID:AS
AP-Titel: Testplanung	PSP-Code: A.3.1
Verantwortlich: K. Fluß	
Ziele/Leistungsbeschreibung: Erstellen einer Testplanung mit Erfassung der Testfallbeschreibung im Testtool. QS durch TPL Test	
Ergebnisse: Abgestimmte Testplanung (TPL Test)	
Voraussetzungen: Fertigstellung Testkonzept	
Beteiligte Personen: K.Fluß, M.Land	
Aufwand: 20 Personentage 8.400,-€	
Schnittstellen Technik	
Fortschrittsmessung 0-100	
Anfang: 30.12.2002	Ende: 24.01.2003

Tabelle 22: Beispiel: Arbeitspaketformular[27]

[27] Quelle: Projektmanagementhandbuch ROT GmbH 2004

10. TERMINPLANUNG

PM3: 1.11b Ablauf und Termine

Basierend auf dem Projektstrukturplan wird die weitere Planung vorgenommen. Hierzu werden die Arbeitspakete ggf. weiter in Vorgänge heruntergebrochen.

10.1 Definition

Netzplan

Der Netzplan ist gemäß DIN 69900:2009 eine "grafische oder tabellarische Darstellung einer Ablaufstruktur, die aus Vorgängen bzw. Ereignissen und Anordnungsbeziehungen besteht".

Vorgang

Der Vorgang ist ein Ablaufelement des Netzplanes, gekennzeichnet durch Dauer, Anfang und Ende.

Ereignis/Meilenstein

Ein Ereignis ist ein Vorgang mit der Dauer = 0. Als Meilensteine bezeichnet man „Ereignisse besonderer Bedeutung“[28].

Anordnungsbeziehung

Eine Anordnungsbeziehung ist eine "quantifizierbare Abhängigkeit zwischen Ereignissen oder Vorgängen“[29]. Das „quantifizierbar“ bezieht sich hierbei auf anzugebene Zeitabstände zwischen den Vorgängen.

[28] vgl. DIN 69900:2009

[29] vgl. DIN 69900-1

10.2 Vorgehen

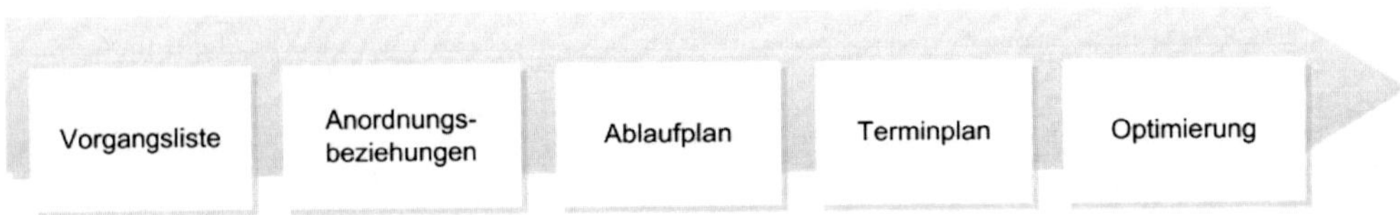

10.2.1 VORGANGSLISTE

Als Basis für die Vorgangsliste dienen der Projektstrukturplan sowie die Phasenplanung.

Jedes Arbeitspaket des PSP wird als ein Vorgang in die Vorgangsliste aufgenommen und ggf. in weitere Vorgänge aufgeteilt.

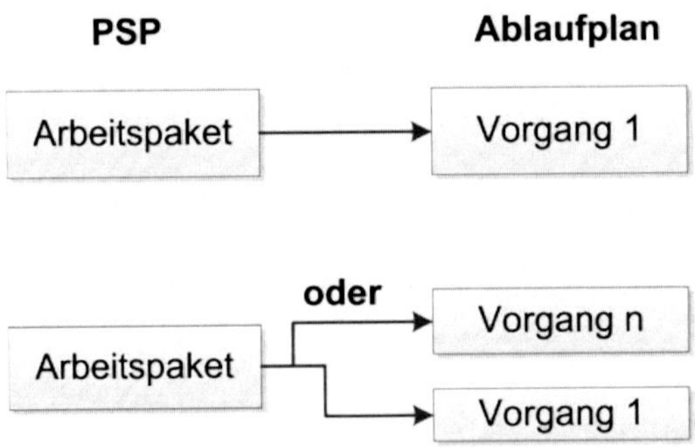

Abbildung 38: Arbeitspakete - Vorgänge

Die Vorgangsliste beinhaltet:

1. PSP-Code
2. Vorgangsname
3. Dauer
4. Vorgänger oder Nachfolger des Vorgangs
5. Anordnungsbeziehung

PSP-Code	Vorgangsname	Dauer	Vorgänger	Anordnungsbeziehung
1	Sun Organizer	-		-
1.1	MS - Projektantrag genehmigt	0	-	-
1.2	Planung durchführen	26	1.1	NF

Tabelle 23: Vorgangsliste

10.2.2 ANORDNUNGSBEZIEHUNGEN (AOB)

Die Anordnungsbeziehung zeigt, wie sich zwei Vorgänge, Vorgänger und Nachfolger, zueinander verhalten. Folgende Anordnungsbeziehungen werden unterschieden:

DIN-Bezeichnung	MS-Project [30]Bezeichnung	Beschreibung
Normalfolge (NF)	Ende-Anfang (EA)	Vorgänger endet, Nachfolger beginnt Standard, wenn keine Anordnungsbeziehung angegeben wird
Anfangsfolge (AF)	Anfang-Anfang(AA)	Vorgänger beginnt, Nachfolger beginnt
Endfolge (EF)	Ende-Ende(EE)	Vorgänger endet, Nachfolger endet
Sprungfolge (SF)	Anfang-Ende(AE)	Vorgänger beginnt, Nachfolger endet

Tabelle 24: Anordnungsbeziehungen

[30] MS-Project ist ein Warenzeichen der Microsoft Cooperation

10.2.3 ABLAUFPLANUNG

Zur Ablaufplanung werden die Informationen aus der Vorgangsliste in einen Netzplan erfasst.

Notation von Netzplänen

Folgende Darstellung zeigt die Abbildung von Vorgängen in Vorgangsknotennetzplänen, dabei repräsentiert das Rechteck den Vorgang und der Pfeil die Anordnungsbeziehung:

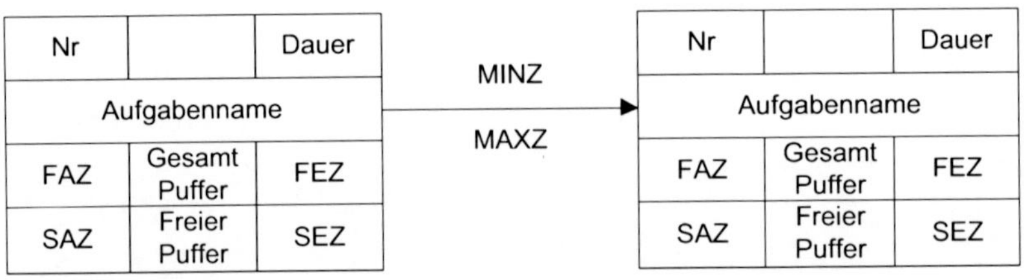

Abbildung 39: Netzkonten

MINZ - Minimaler Zeitabstand zwischen zwei Vorgängen, z. B. AF-1

MAXZ - Maximaler Zeitabstand zwischen zwei Vorgängen z. B. EF+2

SAZ - Spätester Anfangszeitpunkt

FAZ - Frühster Anfangszeitpunkt

SEZ - Spätester Endzeitpunkt

FEZ - Frühster Endzeitpunkt

Berechnung eines Netzplanes

Vorwärtsrechnung („Progressive Rechnung")

Berechnet werden bei der Vorwärtsrechnung die frühsten Anfangs- und Endzeitpunkte (FAZ und FEZ) eines Vorgangs. Begonnen wird beim ersten Vorgang (Startereignis) mit 0. Im Ablaufplan werden noch keine Termine verwendet.

FAZ + Dauer = FEZ

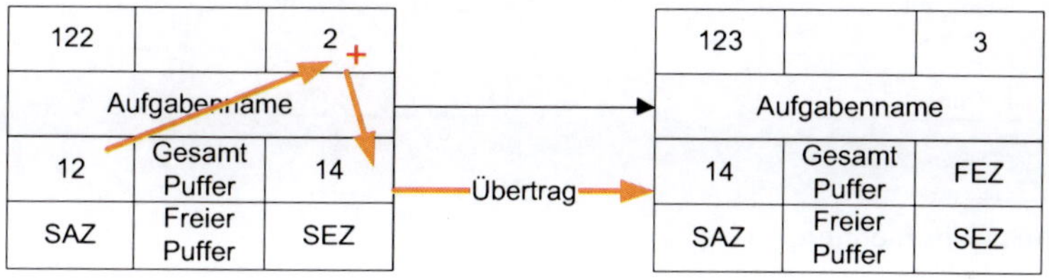

Abbildung 40: Vorwärtsrechnung 1

Ist eine Anordnungsbeziehung(AOB) mit Zeitabstand angegeben wird diese berücksichtigt (Hier NF):

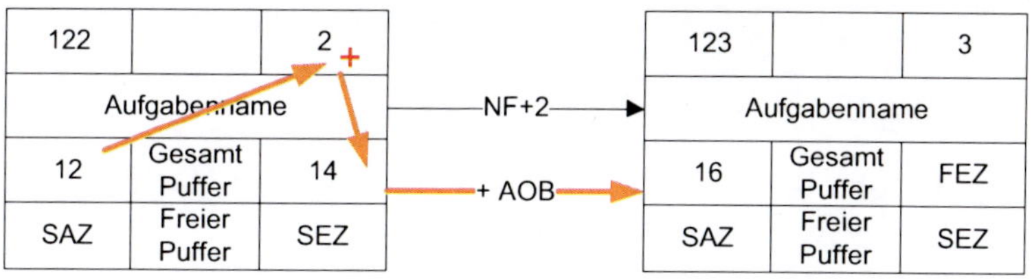

Abbildung 41: Vorwärtsrechnung 2

Hat ein Nachfolger mehrere Vorgänger, werden zunächst alle Vorgänger berechnet und dann der höchste Wert übertragen.

Rückwärtsrechnung („Retrograde Rechnung“)

Berechnung der spätesten Anfangs- und Endzeitpunkte (SAZ und SEZ). Begonnen wird beim letzten Vorgang (Endereignis) mit dem spätesten Endzeitpunkt, der hier aus dem frühsten Endzeitpunkt übernommen wird.

SAZ = SEZ – Dauer

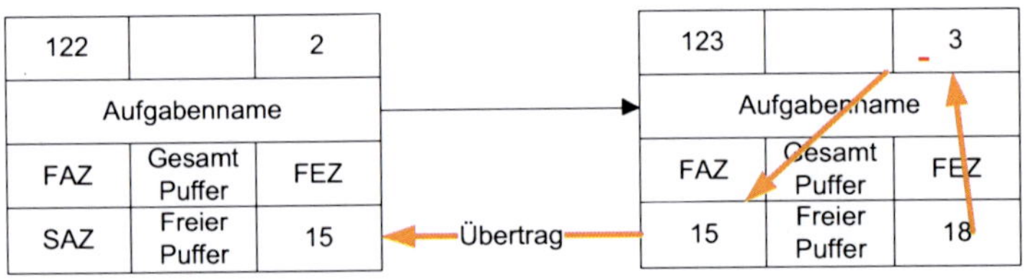

Abbildung 42: Rückwärtsrechnung 1

Ist eine Anordnungsbeziehung mit Zeitabstand angegeben wird diese berücksichtigt:

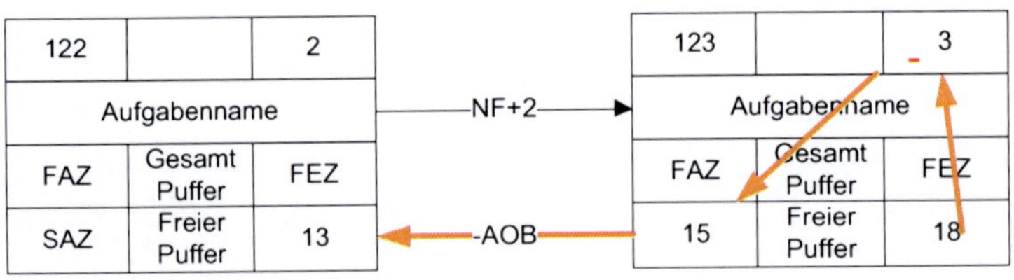

Abbildung 43: Rückwärtsrechnung 2

Hat ein Vorgänger mehrere Nachfolger, werden zunächst alle Nachfolger berechnet und dann der niedrigste Wert übertragen.

Berechnung der Puffer

Für den Praxiseinsatz sind lediglich der Gesamtpuffer (GP) und der Freie Puffer (FP) von Bedeutung.

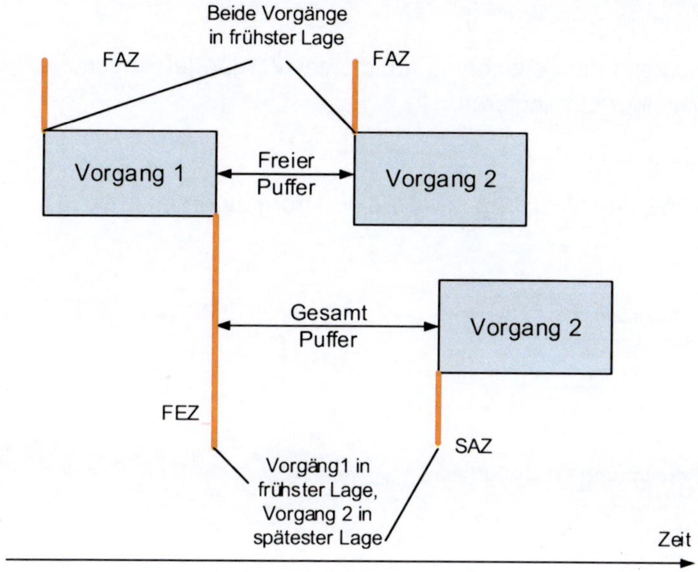

Abbildung 44: Freier- und Gesamt-Puffer - grafische Darstellung

Der Gesamtpuffer (GP) gibt den Zeitabstand zwischen FEZ des Vorgängers und SAZ des Nachfolgers an. Dabei liegt der Vorgänger in der frühsten, der Nachfolger in der spätesten Lage. Der Gesamtpuffer zeigt demnach wie weit ein Vorgänger verschoben werden kann, wenn der Nachfolger maximal nach hinten verschoben wird (SEZ).

<u>Gesamtpuffer (GP)</u>

GP = SAZ - FAZ oder GP = SEZ – FEZ (nur für Normalfolgen)

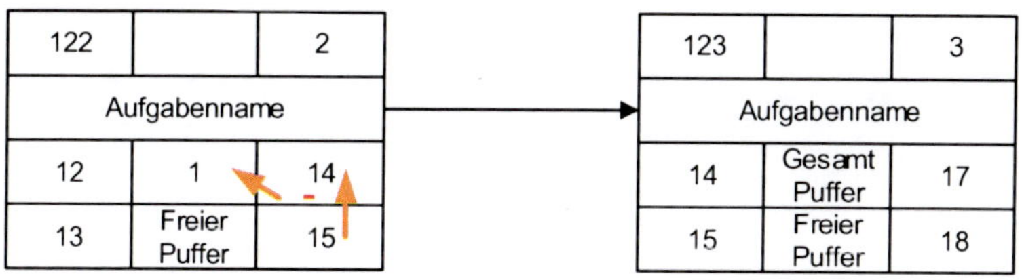

Abbildung 45: Berechnung Gesamtpuffer 1

Freier Puffer

Der freie Puffer zeigt die Zeitspanne, um die der Vorgänger verschoben werden kann, ohne den Nachfolger zu tangieren.

FP = FAZ des Nachfolgers **– FEZ** des Vorgängers

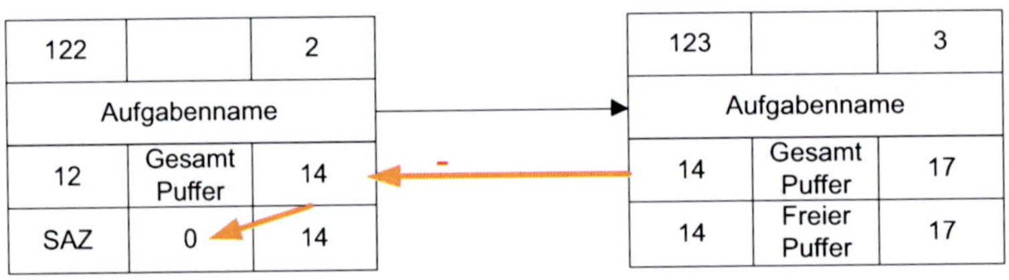

Abbildung 46: Berechnung Freier Puffer 1

Kritischer Pfad

Auf dem kritischen Pfad (oder auch kritischer Weg genannt) liegen alle Vorgänge, bei denen der Gesamtpuffer = 0 ist. Diese Vorgänge haben bei jeder Veränderung (zeitlichen) Einfluss auf den geplanten Endtermin. Zur Kennzeichnung des kritischen Pfades in einem Gantt-Diagramm werden die Pfeile als rote Linie eingezeichnet und/oder die Vorgänge auf dem kritischen Pfad werden mit einem waagerechten Strich über dem Vorgangsknoten (Netzplan) markiert.

10.2.4 TERMINPLAN ERSTELLEN

Wird der Netzplan mit einer Zeitplanung, d. h. mit einem Kalender verbunden, spricht man von „Kalendrierung“. Damit bekommt der Plan einen zeitlichen Bezug.

Da ein Vorgangsknotendiagramm sehr unübersichtlich werden kann, werden die Vorgänge meist als Gantt-Chart dargestellt. Hier wird dann von einem „vernetzen Balkenplan“ gesprochen.

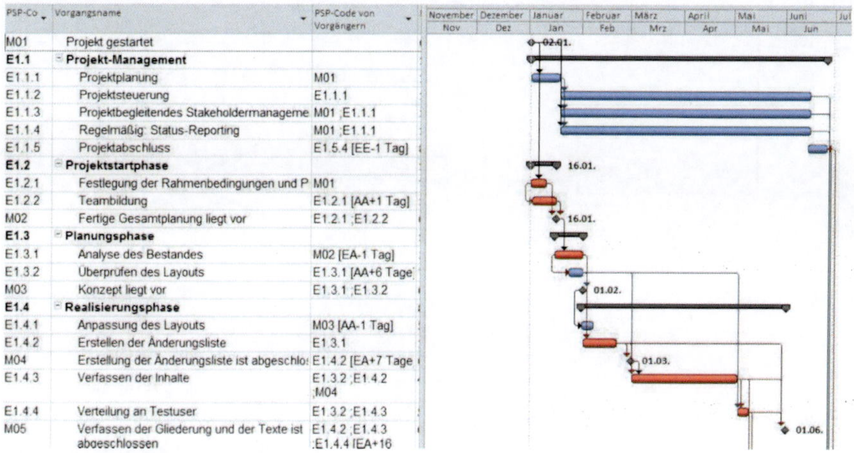

Abbildung 47: Vernetzter Balkenplan

10.2.5 OPTIMIEREN DES ABLAUFPLANS

Zielsetzung der Optimierung ist es, den Projektablauf aus zeitlicher Sicht optimal zu planen, ohne dabei Kosten und Leistung zu beeinträchtigen.

Der folgende Beispielnetzplan soll von 30 auf 25 Tage verkürzt werden:

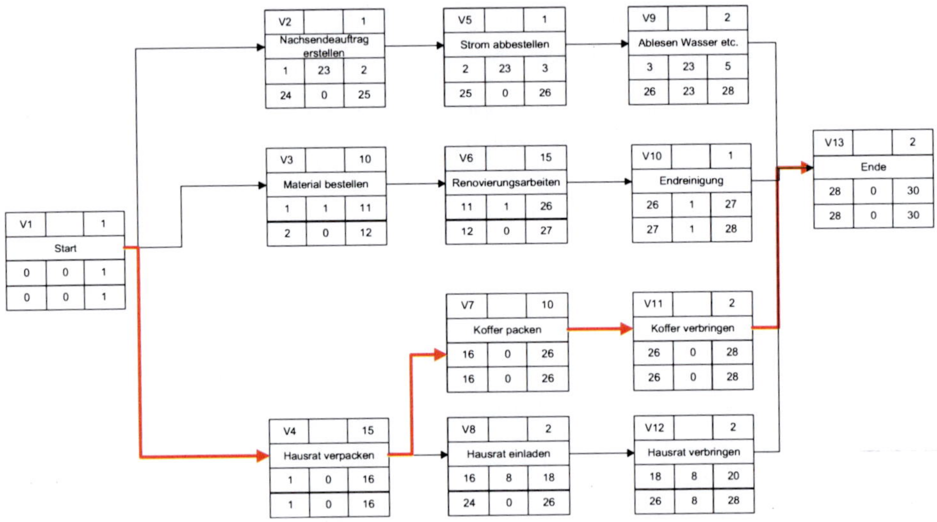

Mögliche Lösung

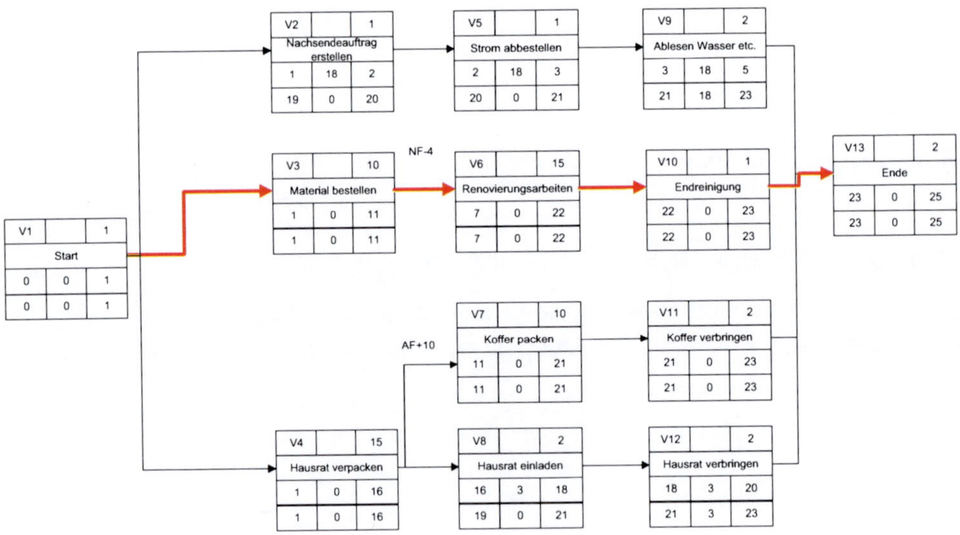

Beispiel-Berechnung SAZ/SEZ (V4)

SAZ(V4) = SAZ (V7) – MINZ = 11-10 = 1

SAZ(V4) = SAZ (V8) – MINZ = 19-0 = 19

SAZ(V4) = Min (1, 19) = 1

SEZ(V4) = SAZ (V4) + D(V4) = 1 + 15 = 16

10.3 Projektbeispiel – Ablauf- und Terminplanung

PSP	Vorgang	Dauer	Anfang	Ende	Vor-gänger
	Vorstudie	90	30.07.01	30.11.01	
	M0: Vorstudie beendet	0	30.11.01	30.11.01	
A.0	**Projektmanagement**		**03.12.01**	**30.08.03**	**--**
A.0.0	M1: Projektauftrag erteilt	0	03.12.01	03.12.01	--
A.0.1	Planung	456	05.12.01	30.08.03	A.0.0
A.0.3	Controlling	456	05.12.01	30.08.03	A.0.0
A.0.3	Qualitätssicherung	456	05.12.01	30.08.03	A.0.0
A.0.4	Reporting	456	05.12.01	30.08.03	A.0.0
A.0.5	Kommunikation	456	05.12.01	30.08.03	A.0.0
A.0.6	Marketing	456	05.12.01	30.08.03	A.0.0
A.1	**Phase 1 - Konzeption**	**130**	**03.12.01**	**01.06.02**	
A.1.1	Projektstartworkshop	2	03.12.01	04.12.01	A.0.0
A.1.2	Feinspezifikation Software	60	07.01.02	01.04.02	A.1.4NF -10 Tage
A.1.3	Ansteuerung Solarien definieren	18,75	05.12.01	31.12.01	A.1.1
A.1.4	Hardwarekonfiguration (PC) definieren	15	31.12.01	21.01.02	A.1.3
A.1.5	Testkonzeption	22,5	01.04.02	02.05.02	A.1.2
A.1.6	M2: Fachkonzept abgenommen	0	01.06.02	01.06.02	A.1.2NF +14 Tage
A.2	**Phase 2 - Implementierung**		**13.05.02**	**20.01.03**	
A.2.10	Prototyp erstellen	30	19.08.02	04.10.02	A.1.5

PSP	Vorgang	Dauer	Anfang	Ende	Vorgänger
A.2.12	M3.1: Prototyp fertig	0	15.10.02	15.10.02	A1.5
A.2.1	Übergreifendes Datenbankdesign	45	13.05.02	11.07.02	A.1.2
A.2.2	Kasse	30	12.07.02	22.08.02	A.2.1
A.2.3	Statistik	15	12.07.02	01.08.02	A.2.1
A.2.4	Vernetzungskomponenten	19	12.07.02	07.08.02	A.2.1
A.2.5	Artikelverwaltung	30	23.08.02	03.10.02	A.2.2
A.2.6	Kundenverwaltung	25	04.10.02	07.11.02	A.2.5
A.2.7	Ansteuerung Solarien - Software	30	19.09.02	06.11.02	A.211
A.2.8	Verwaltungsfunktionen	40	18.11.02	10.01.03	A.2.6
A.2.9	Übersetzungen	15	04.10.02	24.10.02	A.2.5
A.2.11	Ansteuerung Solarien - Hardware	30	08.08.02	18.09.02	A.2.4
A.2.13	M3.2 Entwicklung Ende	0	20.01.03	20.01.03	A.2.10
A.3	**Phase 3 - Test/Pilotierung**		**30.12.02**	**09.05.03**	
A.3.1	Testplanung	20	30.12.02	24.01.03	A.2.13NF-20 Tage
A.3.2	Integrationstest	30	27.01.03	06.03.03	A.3.1
A.3.3	Schulung der Pilotkunden	20,54	27.01.03	24.02.03	A.3.1
A.3.4	Installation bei den Pilotkunden	10	17.02.03	28.02.03	A.3.3
A.3.7	M4: Pilotierungsbeginn	0	01.03.03	01.03.03	A.3.4
A.3.5	Pilotierung	46	01.03.03	02.05.03	A.3.7
A.3.6	Anpassung und Optimierung	20	14.04.03	09.05.03	A.3.15EA+5 Tage
A.3.8	M5: Anwendung produktionsreif	0	09.05.03	09.05.03	A.3.6
A.4	**Phase 4 - Projektabschluss**		**12.05.03**	**30.08.03**	
A.4.1	Abschlussbericht erstellen	35,75	11.07.03	29.08.03	A.3.7EA-12 Tage
A.4.2	…	…	…	..	..

Tabelle 25: Vorgangsliste SunOrganizer- Auszug

A.1	**Phase 1 - Konzeption**	
A.1.0	Projektstartworkshop	
A.1.1	Feinspezifikation Software	16EA-10 Tag
A.1.2	Ansteuerung Solarien definieren	13
A.1.3	Hardwarekonfiguration (PC) definiere	15
A.1.4	Testkonzeption	14
A.1.5	**M2: Fachkonzept abgenommen**	14EA+14 Tag
A.2	**Phase 2 - Implementierung**	
A.2.10	Prototyp erstellen	17
A.2.12	**M3.1: Prototyp erstellt**	21
A.2.1	Übergreifendes Datenbankdesign	14
A.2.2	Kasse	23
A.2.3	Statistik	23
A.2.4	Vernetzungskomponenten	23
A.2.5	Artikelverwaltung	24
A.2.6	Kundenverwaltung	27
A.2.7	Ansteuerung Solarien - Software	32
A.2.8	Verwaltungsfunktionen	28
A.2.9	Übersetzungen	27
A.2.11	Ansteuerung Solarien - Hardware	26
A.2.13	**M3.2: Entwicklung Ende**	21

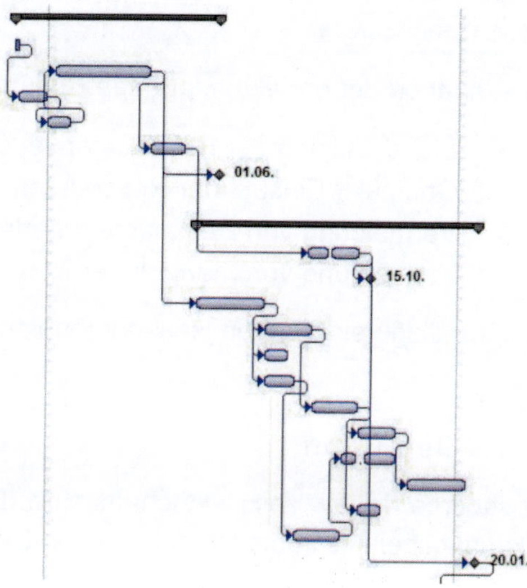

Abbildung 48: Vernetzter Balkenplan - Auszug

11. RESSOURCENPLANUNG

PM3: 1.12 Ressourcen

Die Aufgaben der projektbezogenen Ressourcenplanung sind:[31]

- Sicherstellung der Ressourcenverfügbarkeit
- Optimaler Einsatz der Ressourcen
- Vermeidung von Ressourcenüberlastung
- Vermeidung von mangelnder Ressourcenauslastung

Die Grundlage einer guten Ressourcenplanung ist eine profunde Aufwandschätzung.

11.1 Definition

„Ressource" in der Volkswirtschaftslehre: Bezeichnung für Produktionsfaktoren. Produktion: Mittel, die in die Produktion von Gütern und Dienstleistungen eingehen.[32]

Dies umfasst die für ein Projekt notwendigen Faktoren

- Mensch
- Maschine
- Material
- Sachmittel
- Finanzmittel

11.2 Vorgehen

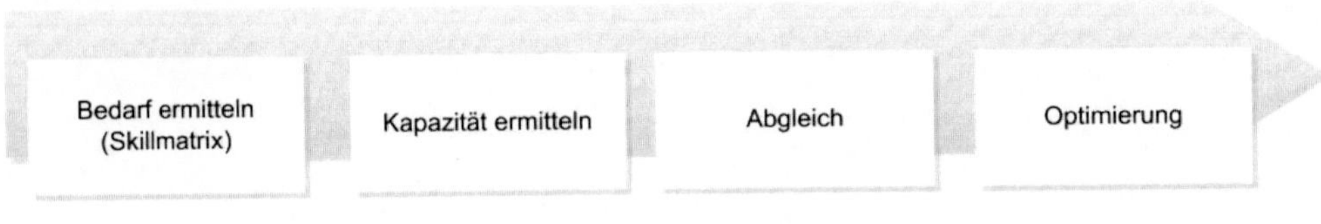

---

[31] vgl. [63] Seite 29 ff.

[32] Quelle: [92]

11.2.1 BEDARF ERMITTELN

Auf Grundlage der Ablaufplanung und der Schätzungen der Arbeitspakete wird eine Ressourcenliste zusammengestellt. Hilfreich ist hier eine zusätzliche Skillmatrix mit den erforderlichen Qualifikationen.

Ressource	Kürzel	Bedarf	Bedarf (PT)
Projektleiter	PL	1	220
Stv. Projektleiter	STV	1	180
Tester	TE	4	350
Programmierer JAVA	PJ	3	400
Programmierer COBOL	PC	2	200
...			

Tabelle 26: Beispiel Ressourcenbedarf

Diese Tabelle gibt einen groben Überblick über den Ressourcenbedarf. Dieser muss auf Basis der Ablauf und Terminplanung verfeinert werden.

PSP	Vorgang	Dauer	Arbeit	Ressource / Menge
A.2	**Phase 2 – Implementierung**			
A.2.10	Prototyp erstellen	30	10 40 12	TE 2 PJ 2 PC 1
A.2.12	M3.1: Prototyp fertig	0		
A.2.1	Übergreifendes Datenbankdesign	45	10	PJ 2
A.2.2	Kasse	30	10 20 5	TE 1 PJ 1 PC 1
A.2.3	Statistik	15	10 10	TE 1 PC 1
...				

Tabelle 27: Beispiel Ressourcenfeinplanung

11.2.2 KAPAZITÄT ERMITTELN

Für die weitere Planung ist die Verfügbarkeit (Kapazität) der Ressourcen von entscheidender Bedeutung. Bei der Personalplanung wird vielfach von zu großen verfügbaren Kapazitäten ausgegangen. Zu berücksichtigen sind bei Mitarbeitern u. a.:

- Urlaub
- Krankheitsbedingter Ausfall
- Fortbildung
- Linienaufgaben

Daraus ergibt sich ein individueller Ressourcenkalender, der bei modernen Projektplanungstools, für jede Ressource separat, hinterlegt werden kann.

11.2.3 ABGLEICH

Die „ressourcenreinen" Planungen werden anhand der Terminplanung geprüft, um Kapazitätsüberschreitungen zu erkennen. Die Anzahl der verfügbaren Ressourcen je Ressourcenart wird Kapazitätsgrenze genannt.

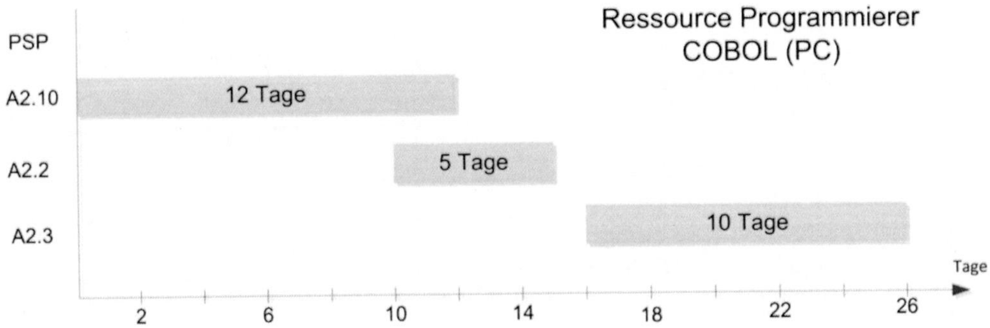

Abbildung 49: Planung Cobol Programmierer

Aus der konkreten Planung ergibt sich folgendes Bild:

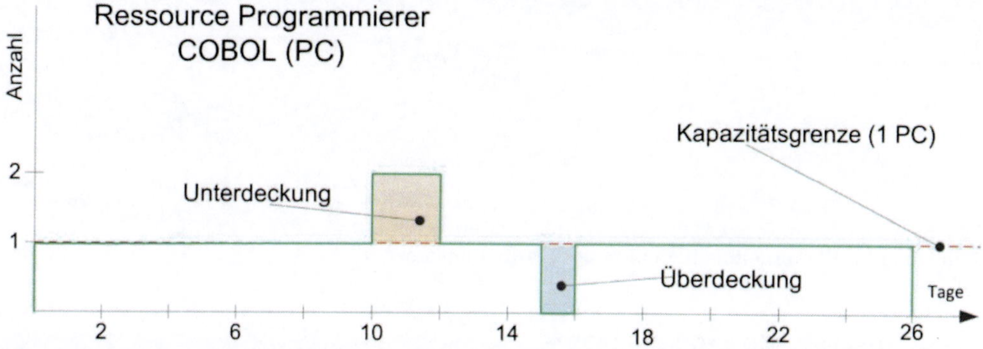

Abbildung 50: Kapazitätsdiagramm

Bei einer maximalen Kapazität von einem Cobol-Programmierer, ergibt sich eine Unterdeckung von zwei Personentagen zwischen dem 10. Und 12. Tag.

11.2.4 OPTIMIERUNG

Die Unterdeckung kann durch Optimierungsmaßnahmen gelöst werden. Diese können sein[33]:

- Verschiebung von Aktivitäten
- Rekrutierung von zusätzlichen Ressourcen
- Verschiebung des Endtermins
- Einsatz externer Ressourcen

In diesem Fall wurde eine Verschiebung der Vorgänge A2.2 und A2.3 um jeweils einen Tag nach hinten vorgenommen, um den Ressourcenengpass zu beheben.

[33] vgl. [17] Seite 86

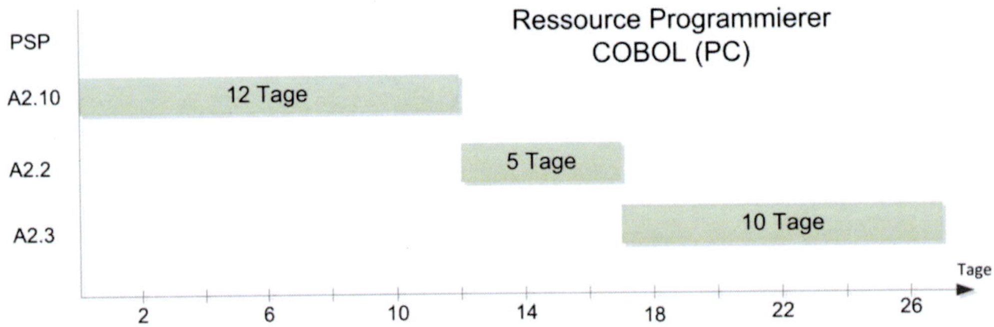

Abbildung 51: Überarbeitete Planung Cobol Programmierer

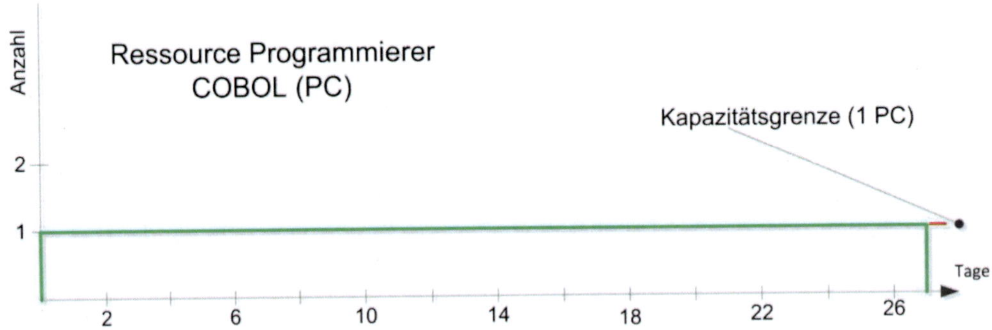

Abbildung 52: Kapazitätsdiagramm - Neu

11.3 Aufwandschätzmethoden

Für Aufwandschätzungen werden drei Methodenkategorien unterschieden:[34]

I. **Expertenbefragung**

- Delphi-Methode
- Drei-Punkt-Schätzung

[34] vgl. [40] Seit 27ff.

II. **Analogieschätzungen**

- Multiplikationsmethode
- Prozentsatzmethode

III. **Parametrische Schätzungen**

- Funktion Point

11.3.1 DELPHI-METHODE

Die Delphi Methode ist eine Methode der Kategorie Expertenbefragung. Die Expertenschätzung steht und fällt mit der Erfahrung der beteiligten Experten! Die Experten schätzen aufgrund ihrer persönlichen Erfahrungen und durch Vergleich mit bisher abgewickelten Projekten die zu erwartenden Aufwendungen.

Expertenschätzung ist ein einfaches und kostengünstiges Schätzverfahren, das dann gut funktioniert, wenn die Schätzenden genügend Erfahrung haben. Andernfalls können die Prognosen sehr ungenau sein.

Ablauf der Schätzung

1. Erläuterung der Aufgabenstellung
2. Diskussion
3. Getrenntes Schätzen der Experten
4. Zusammenfassung der Ergebnisse
5. Diskussion der Ergebnisse
6. Nochmaliges Schätzen der Experten
7. Wiederholung der Punkte 4. – 6. bis ein Ergebnis vorliegt

Die Delphi-Methode erfordert einen Moderator, der die Aufgabenstellung erläutert und die Schätzsitzung leitet. Die Delphi-Methode liefert zuverlässigere Schätzungen als die einfache Expertenbeurteilung, weil sie Ausreißer eliminiert. Als Nachteil muss ein erheblich höherer Aufwand für die Schätzung in Kauf genommen werden.

11.3.2 DREI-PUNKT-SCHÄTZUNG[35]

Die Drei-Punkt-Schätzung dient, wie die Delphi-Methode, der Befragung von Experten zur Einschätzung des Aufwandes. Sie setz nach der Erstellung des Projektstrukturplanes an.

Hierzu werden drei Kategorien gebildet, für die die Experten ihre Schätzungen abgeben für die Arbeitspakete abgeben.

- Optimistisch
- Realistisch
- Pessimistisch

Zur Auswertung der Schätzung wird nach der Formel:

$$\frac{\text{optimistischster Wert + wahrscheinlichster Wert + pessimistischster Wert}}{3} = \text{Erwarteter Wert}$$

ein zu erwarteter Wert für jedes Arbeitspaket errechnet.

Im Anschluss daran wird die Varianz der einzelnen Arbeitspakete:

$$\textit{Varianz Aktivität (VarAkt) = ((pessimistischster Wert - optimistischster Wert)/5)}^2$$

und die Varianz des Projektes errechnet:

$$\textit{VarianzProjekt = Summe VarAkt}$$

Die Wurzel aus dem Wert VarianzProjekt, ergibt die Standardabweichung.

Die Drei-Punkt-Methode eignet sich gut bei Schätzungen unter Unsicherheit und führt zu tragbaren Ergebnissen.

Pert-Schätzung =

$$\frac{\text{optimistischer Wert + 4x Realistischer Wert + Pessimistischer Wert}}{6}$$

[35] vgl. [22]

11.3.3 MULTIPLIKATIONSMETHODE

Herstellen eines Zusammenhangs zwischen Produktgröße (Bspw. Anzahl Objekte) und Aufwand:

$$\text{Personentage} = \text{Produktgröße} \times \text{Faktor}$$

Eine einfache Schätzmethode für überschaubare Vorhaben.

11.3.4 PROZENTSATZMETHODE

Die Analogiemethoden benötigen eine Erfahrungsbasis. Daher sind diese Methoden nicht weit verbreitet, weil nur wenige Unternehmen ihre Schätz-Erfahrungen quantifiziert aufbereiten.

Beispiel: Aufteilung von Aufwand zu Tätigkeiten oder Projektphasen

Phase	Aufwand %	Personentage
Vorstudie	5	10
Realisierung	80	160
Einführung	15	30
Gesamt		200

11.3.5 FUNCTION-POINT-METHODE[36]

Die Function-Point-Methode ist der Gruppe der parametrischen Schätzmethoden zuzuordnen.

Grundlage dieser Methoden ist die Bestimmung von in die Bewertung einfließenden Faktoren. Diese können wie die Qualifikation des Personals subjektiver Art sein oder objektiv wie z. B. die verwendete Programmiersprache.

Diese Einflussfaktoren werden mathematisch verknüpft, sodass der Gesamtaufwand aus Ihnen berechnet werden kann. Die Bestimmung dieser Einflussfaktoren setzt bereits eine aufwendige Analyse voraus.

[36] vgl. [7]

Kategorie	Anzahl	Klassifizierung	Gewichtung	Summe
Eingabedaten	2	einfach	3	6
	0	mittel	4	0
	1	komplex	6	6
Abfragen	1	einfach	3	3
	0	mittel	4	0
	0	komplex	6	0
Ausgaben	0	einfach	4	0
	0	mittel	5	0
	1	komplex	7	7
Datenbestände	3	einfach	7	21
	0	mittel	10	0
	0	komplex	15	0
Referenzdaten	0	einfach	5	0
	0	mittel	7	0
	0	komplex	10	0
Summe (E1)				43
Einflussfaktoren (ändern den Function-Point-Wert um +/- 30%)		1 Verflechtung mit anderen Anwendungssystemen (0-5)		0
		2 Dezentrale Daten, dezentrale Verarbeitung (0-5)		0
		3 Transaktionsrate (0-5)		3
		4 Verarbeitungslogik:		
		a Rechenoperationen (0-10)		1
		b Kontrollverfahren (0-5)		0
		c Ausnahmeregelungen (0-10)		0
		d Logik (0-5)		0
		5 Wiederverwendbarkeit (0-5)		0
		6 Datenbestandskonvertierungen (0-5)		0
		7 Anpassbarkeit (0-5)		2
Summe E2 der 7 Einflüsse				6
Einflussbewertung E3 = E2 /100 + 0,7				0,76
Bewertete Function-Points round (E1 * E3)				33

Tabelle 28: Funktion Point-Methode

11.3.6 PROJEKTBEISPIEL - RESSOURCENPLANUNG

Gruppe	Beteiligte Personen	Durchschnittlicher Einsatz
Projektleiter (PL)	Rauer	12/01-03/02 100% 04/02-06/02 40% 07/02-03/02 100% 04/02-08/03 40%
Teilprojektleiter (TPL)	Lanni, Pfeif[37]	60%
Geschäftsführung (GF)	Peyfrau	s.o. 5%
Ausrüster	Heize, Grube	bei Bedarf
Mitarbeiter (MA)	Pfeiffer, Berthold, Schulze, Bongartz Fluß, Sande, Fleisch	60% 50%
Piloten (Pi)	Kolllassi (Sunrise), Schwarz (Sonnen-Palast) Berg, Kranik	bei Bedarf bei Bedarf 43 Tage 100% 43 Tage 100%
Bank (Ba)	Hr. Schmidt	bei Bedarf
Lenkungsausschuss (LA)	GF, Kolllassi	bei Bedarf
Marketing (MAK)	Wiltzycky (verantwort-lich), Bade, Ploch	100%
Mitarbeitet extern (MAe)	Lanni, Berg, Kranik	100% s.o.

Tabelle 29: Ressourcenkapazität

[37] Alle Namen sind fiktiv

3-Punkt Aufwandschätzung

O – optimistisch
W –wahrscheinlich
P – pessimistisch
EW – Erwartungswert
V Varianz

		O	W	P	EW	V
Planung	A.0.1	50	80	90	73	64
Controlling	A.0.3	30	50	60	47	36
Qualitätssicherung	A.0.3	40	50	60	50	16
Reporting	A.0.4	60	70	80	70	16
Kommunikation	A.0.5	55	90	95	80	64
Marketing	A.0.6	55	90	95	80	64
Phase 1 - Konzeption	A.1					
Projektstartworkshop	A.1.1	30	30	30	30	0
Feinspezifikation Software	A.1.2	173	175	200	183	29
Ansteuerung Solarien definieren	A.1.2	5	20	20	15	9
Hardwarekonfiguration (PC) definieren	A.1.4	10	15	20	15	4
Testkonzeption	A.1.5	25	50	60	45	49
Phase 2 - Implementierung	A.2					
Prototyp erstellen	A.2.10	10	12	22	15	6
Übergreifendes Datenbankdesign	A.2.1	5	12	12	10	2
Kasse	A.2.2	20	26	45	30	25
Statistik	A.2.3	12	12	20	15	3
Vernetzungskomponenten	A.2.4	10	20	30	20	16
Artikelverwaltung	A.2.5	22	27	40	30	13
Kundenverwaltung	A.2.6	20	26	30	25	4
Ansteuerung Solarien - Software	A.2.7	29	30	32	30	0
Verwaltungsfunktionen	A.2.8	30	39	50	40	16
Übersetzungen	A.2.9	11	16	19	15	3
Ansteuerung Solarien - Hardware	A.2.11	12	35	44	30	41
Phase 3 - Test/Pilotierung	A.3					
Testplanung	A.3.1	25	30	35	30	4

		O	W	P	EW	V
Integrationstest	A.3.2	73	78	90	80	12
Schulung der Pilotkunden	A.3.3	25	30	35	30	4
Pilotierung	A.3.5	110	135	140	128	36
Anpassung und Optimierung	A.3.6	10	15	15	13	1
Phase 4 - Projektabschluss	A.4					
Abschlussbericht erstellen	A.4.1	30	35	42	36	6
Installationsmedien erstellen	A.4.2	15	15	15	15	0
Dokumentation	A.4.3	10	12	22	15	6
Handbucherstellung	A.4.4	20	20	20	20	0
Abschlussarbeiten	A.4.5	20	20	20	20	0
Abschlusspräsentation		2	2	2	2	0
Finales Event	A.4.6	8	8	8	8	0
Werte Gesamt-Projekt		**1062**	**1377**	**1596**	**1345**	**547**

Standardabweichung 23

Tabelle 30: Ressourcenplanung

PSP-Code	Vorgang	Ressource	Arbeit (PT)
A.0	**Projektmanagement**	PL, Stv PL	240
A.1.1	Projektstartworkshop	Team	30
A.1.2	Feinspezifikation Software	Tester PC/PJ	73 110
A.1.2	Ansteuerung Solarien definieren	PC	15
A.1.4	Hardwarekonfiguration (PC) definieren	PJ PC	10 15
A.1.5	Testkonzeption		
…	…	…	…
Gesamtsumme			1345

Tabelle 31: Einsatzmittelbedarf/ Personalaufwand

12. KOSTENPLANUNG

PM3: 1.13 Kosten und Finanzmittel

Bei der Kostenplanung handelt es sich um die Darstellung der für die Durchführung des Projektes anfallenden, voraussichtlichen Kosten der einzelnen Vorgänge oder Arbeitspakete im Zeitverlauf. Als Basis dient der Ablauf- und Terminplan.

12.1.1 DEFINITION

Kosten

...sind die Werte des Einsatzes von Gütern zur Erstellung von Leistungen.[38]

Kostenstellen[39]

...ist der Ort an dem die Kosten entstehen (z. B. das Projekt xy).

Kostenträger

...sind die Produkte oder Leistungen, die letztendlich die Kosten tragen (z. B. das Produkt xy).[40]

12.1.2 VORGEHEN

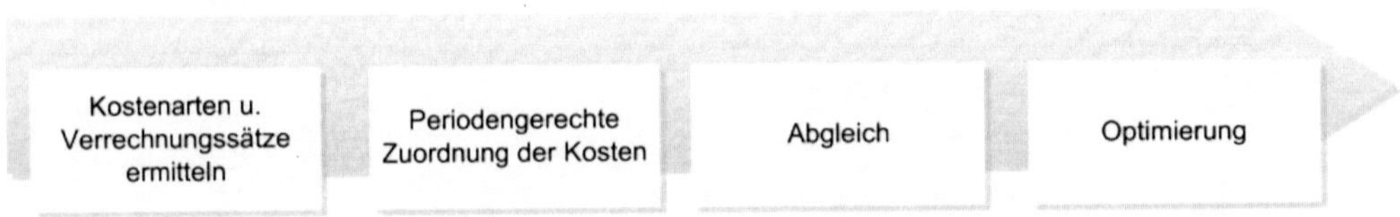

[38] vgl. [37] Seite 257
[39] vgl. [10] Seite 197
[40] vgl. [10] Seite 203

Kostenarten festlegen u. Verrechnungssätze ermitteln

Im Projekt können verschiedene Kostenarten anfallen, diese sind zu ermitteln:

Kostenart	Beispiel
Personalkosten	Verrechnungssätze für Löhne Fortbildung Prämien
Sachkosten	Mieten Hardware Lizenzen Externe Mitarbeiter
Materialkosten	Büromaterial Betriebsstoffe
Kapitalkosten	Zinsen Abschreibungen Versicherungen
Kalkulatorische Kosten	Risikozuschläge

Tabelle 32: Kostenarten

Zu jeder Kostenart sind die Kostensätze je Ressource für die weitere Berechnung der Kosten zu ermitteln:

Kostenart	Verrechnungssatz €	Bezugseinheit
Personalkosten		
Projektleiter (PL)	1000,-	Tag (8 Std.)
Stv. Projektleiter (STV)	800,-	Tag (8 Std.)
Programmierer (PJ) / (PC)	700,-	Tag (8 Std.)
Tester (T)	700,-	Tag (8 Std.)
Sachkosten		
Tester (ext.) TE	1000,-	Tag (8 Std.)
Lizenz Software	10.000,-	Einmalig
Materialkosten		
Verrechnungssatz Gemein-kosten	200,-	Tag je Mitarbeiter
Kapitalkosten		
Bereitstellungszinsen	3,5% p. a.	
Kalkulatorische Kosten		
Risikozuschlag	12.000,-	

Tabelle 33: Kostensätze

Periodengerechte Zuordnung der Kosten

Zu jedem Vorgang werden die Kosten ermittelt und möglichst periodengerecht aufgeteilt. Bei der Kostenverteilung wird unterschieden:

- **anfangsverteilt** Die gesamten Kosten entstehen zu Vorgangsbeginn.
- **gleichverteilt** Die Kosten sind gleichmäßig über die Zeit verteilt.
- **endverteilt** Die gesamten Kosten entstehen am Ende des Vorgangs.

Die Art der Verteilung der Kosten hat Einfluss auf den Zeitpunkt der Bereitstellung der Finanzmittel. Zur Verdeutlichung hier ein Auszug aus einem Projektplan/Kostenplan:

PSP	Vorgang	Arbeit	Ressource / Menge	Kosten €	Summe	Verteilung
A.2	**Phase 2 - Implementierung**					
A.2.10	Prototyp erstellen	10 40 12	TE 2 PJ 2 PC 1	1000,- 700,- 700,-	20.000,- 56.000,- 8.500,-	Gleich Gleich Gleich
A.2.1	Übergreifendes Datenbankdesign	10	PJ 2	700,-	14.000,-	Gleich
A.2.3	Statistik	10 10	TE 1 PC 1	700,- 700,-	7.000,- 7.000,-	Gleich Gleich
...	...	...	...	...	...	
...				Summe	**137.000,-**	

Tabelle 34: Beispiel Kostenplanung (Auszug)

Die **Kostenganglinie** zeigt den Kapitalbedarf/Finanzierungsbedarf zu bestimmten Zeitpunkten im Projektverlauf und bildet die Grundlage für die Kapitalbedarfsermittlung bzw. die Geldmittelvorschaurechnung.

Die **Kostensummenlinie** zeigt die Summierung der Kosten im Projektverlauf und dient als Grundlage für die Fortschrittsmessung und den Soll-/Ist-Vergleich.

Aus der Kostenverteilung leiten sich die Kostenganglinie und die Kostensummenlinie ab:

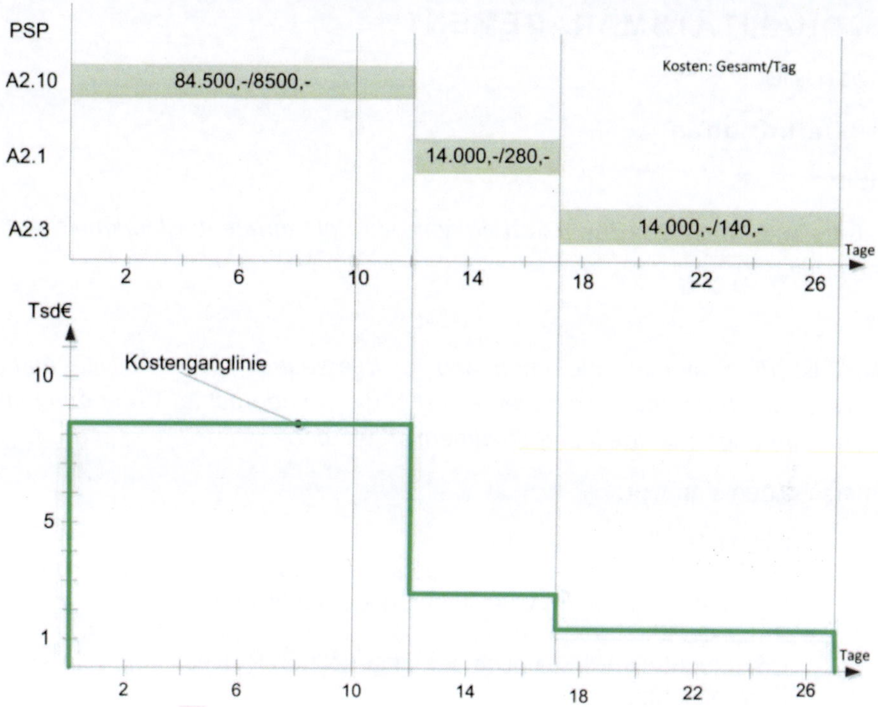

Abbildung 53: Ableitung der Kostenganglinie aus der periodengerechten Kostenverteilung

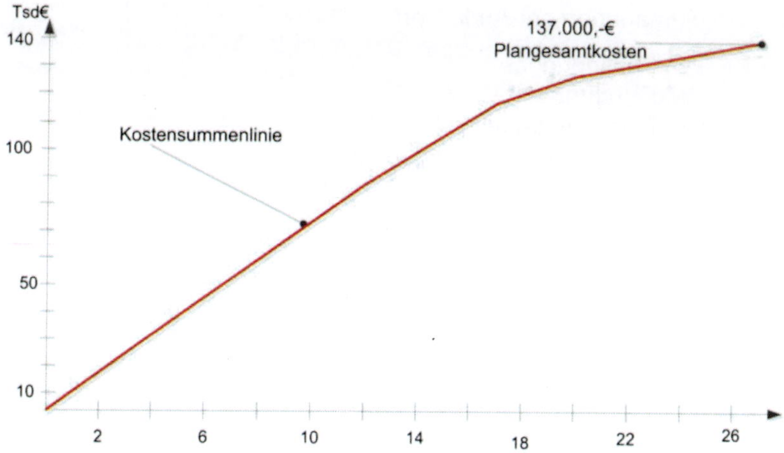

Abbildung 54: Kostensummenlinie

13. QUALITÄTSMANAGEMENT

PM3: 1.05 Qualität

13.1 Definitionen

Qualität

Gemäß ISO-Norm ist Qualität: *„Grad, in dem ein Satz inhärenter Merkmale Anforderungen erfüllt“*[41]

Audit

Ein Audit ist *„die systematische, unabhängige Untersuchung einer Aktivität und derer Ergebnisse, durch die das Vorhandensein und die sachgerechte Anwendung spezifischer Anforderungen beurteilt und dokumentiert werden“*[42]

Zu unterscheiden sind hier: [43]

- Systemaudit
  Das Systemaudit dient zum Nachweis der Wirksamkeit und Funktionsfähigkeit des gesamten Qualitätsmanagementsystems.
- Prozessaudit
  Untersucht die Wirksamkeit der eingesetzten Prozesse.
- Produktaudit
  produktbezogene Überprüfung – Soll- / Ist-Vergleich mit den Spezifikationen
- Projektmanagement-Audit[44] prüft
  - PM-Festlegungen
  - PM-Durchführung
  - PM-Dokumentation
  - Einhaltung des PM-Handbuchs
  - Findet am Ende eines Projekts statt

---

[41] vgl. ISO 9000:2009

[42] vgl. [24]

[43] vgl. [34] Seite 7f.

[44] vgl. DIN 69905

13.2 Qualitätsmodelle

13.2.1 KVP – KONTINUIERLICHER VERBESSERUNGSPROZESS[45]

W.E. Deming hat als Berater, Lehrer und Autor mehr als 200 Arbeiten veröffentlicht. U. a. den Artikel „Out of Crisis (Technology Press 1986)“ in dem er seine Theorie zu den 14 Punkten der Managementverbesserung aufführt. In Punkt 5 ist die Grundlage der ständigen Verbesserung beschrieben[46] :

„Suche ständig nach den Ursachen von Problemen, um alle Systeme von Produktion und Dienstleistung, sowie alle anderen Aktivitäten im Unternehmen beständig und immer wieder zu verbessern.“

Hieraus leitet sich der Qualitätszyklus oder auch PDCA-Zyklus ab.[47]

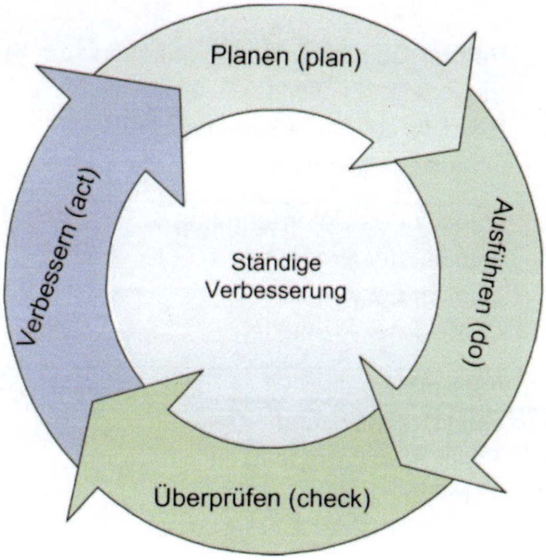

Abbildung 55: Der Qualitätszyklus von Deming

[45] vgl. [34] Seite 303ff

[46] vgl. [14]

[47] vgl. [42] Seite 31f.

13.2.2 TQM – TOTAL QUALITY MANAGEMENT

TQM ist eine umfassende Qualitätsstrategie für ein Unternehmen. Es handelt sich dabei um ein von der Unternehmensleitung organisiertes, langfristig angelegtes und von den Mitarbeitern getragenes, ganzheitliches Managementkonzept. Ziel ist es, die Wettbewerbsfähigkeit des Unternehmens durch größeren Markterfolg und sinkende Kosten langfristig zu sichern.

Im Mittelpunkt stehen dabei die konsequente Ausrichtung auf die Bedürfnisse der Kunden und eine kontinuierliche Verbesserung der Ergebnisqualität. Dabei werden alle Bereiche und Prozesse des Unternehmens eingebunden.[48]

T	▪ Partnerschaftliche Kommunikation zum Kunden ▪ Einbeziehen der Mitarbeiter ▪ Bereichs- und funktionsübergreifend ▪ Öffentlichkeitsarbeit
Q	▪ Qualität des Unternehmens ▪ Qualität der Prozesse ▪ Qualität der Arbeit ▪ Qualität der Produkte
M	▪ Führungsqualität ▪ Qualitätspolitik und –Ziele ▪ Team- und Lernfähigkeit ▪ Beharrlichkeit

[48] vgl. [34] Seite 344ff.

13.2.3 EFQM - EUROPEAN FOUNDATION FOR QUALITY MANAGEMENT[49]

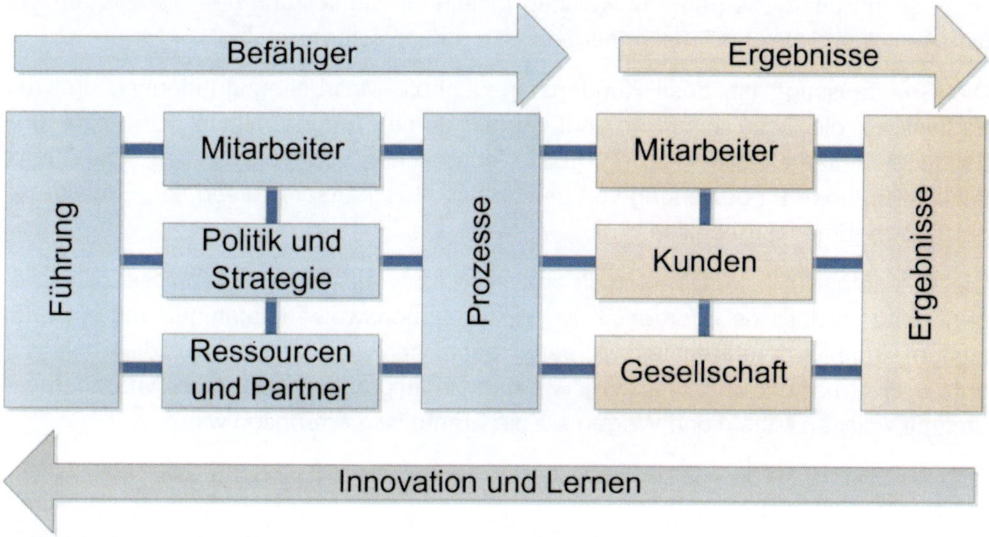

Abbildung 56: EFQM Modell

Unterschieden wird zwischen zwei Gruppen von Kriterien, den sogenannten „Befähigern“ und den „Ergebnissen“. Die Befähiger werden auch als Frühindikatoren bezeichnet, denn sie sind verantwortlich für den zukünftigen Erfolg. Sie behandeln das, was die Organisation tut, wie sie vorgeht. Die Ergebnis-Kriterien werden dagegen als Spätindikatoren bezeichnet und geben Auskunft, welche Ziele das Unternehmen erreicht hat. Sie beschreiben, was das Unternehmen für Kunden, Mitarbeiter, Anteilseigner und die Öffentlichkeit an Leistungen erbracht hat, indem deren Zufriedenheit gemessen wird.

Für die Bewertung des Erfüllungsgrades der Kriterien, des sogenannten Reifegrades, wurde die RADAR-Bewertungsmethodik entwickelt. Dabei wird der Reifegrad der Organisation gemessen anhand von Ergebnissen (Results), den dazu führenden Vorgehensweisen (Approach), dem Grad der Umsetzung (Deployment) und der Bewertung und Überprüfung (Assessment and Review).

---

[49] vgl. [90]

Die drei Hauptsäulen in den senkrechten Kästen sind die die Grundbestandteile des Modells. Die jeweils dazwischenliegenden, waagerechten Kästen sind eine weitere Unterteilung und geben an, mit welchen Mitteln die Umsetzung des Modells erreicht werden soll und welche Zwischenergebnisse dafür erforderlich sind.

Die Grundaussage ist, dass Kundenzufriedenheit, Mitarbeiterzufriedenheit und der Einfluss auf die Gesellschaft erreicht werden durch Führung mithilfe von Politik und Strategie, Mitarbeiterorientierung und Management von Ressourcen. Dies führt schließlich, unter Einbeziehung von geeigneten Geschäftsprozessen, zu „Excellence" der Unternehmensergebnisse.

Die Erkenntnisse des TQM-Modells, dass es nicht ausreicht, Ergebnisse zu managen, sondern dass es erforderlich ist, die Vorgehensweise (Befähiger) mit einzubeziehen, wird hier berücksichtigt. Mit den Ergebnissen wird definiert, was die Organisation erreicht hat und erreichen will. Mit den Befähigern, wie sie dabei vorgehen will und mit welchen Mitteln und Wegen sie die Ergebnisse erarbeiten will.

13.2.4 DIN EN ISO 9000[50]

Die Normenfamilie DIN EN ISO 9000 ff. gehört international zu den am weitesten verbreiteten, am meisten anerkannten und auch diskutierten Normen (Bestandteile siehe Tabelle 35).

DIN EN ISO 9000	Grundlagen und Begriffe
DIN EN ISO 9001	Qualitätsmanagement-Systeme (Forderungen)
DIN EN ISO 19011	Leitfaden für das Auditieren von QM- und UM-Systemen
DIN EN ISO 9004	Leitfaden zur Leistungsverbesserung

Tabelle 35: Bestandteile der Normenfamilie DIN EN ISO 9000:2000

Mit dem ISO-Modell lässt sich der Aufbau eines QM-Systems nachvollziehbar strukturieren und es können relativ rasch Verbesserungen der Ablauforganisation erreicht

[50] vgl. [23]

werden. Die Anwendung der ISO 9000 bedeutet jedoch noch nicht, dass das Produkt oder die Dienstleistung qualitativ gut ist. Die Norm verlangt, was geregelt werden muss, aber nicht, wie dies erfolgen soll.

Im Vergleich zum Total Quality Management (TQM) stellen die ISO-Normen kein umfassendes Qualitätsmanagement dar. Kritisiert werden im Wesentlichen die Überbetonung der Prozessorientierung, die mangelnde Einbindung von Mitarbeiter- und Kundenorientierung. Die fehlende Bewertung der Ergebnisse und die fehlende Selbstbewertung, wie sie das EFQM-Modell vorsieht.

Die ISO-Norm steht dennoch nicht im Widerspruch zu TQM, sondern sollte als Einstieg in ein umfassendes Qualitätsmanagement verstanden wird.

13.2.5 PROJECT EXCELLENCE

Das Project Excellence Modell der Gesellschaft für Projektmanagement e. V. (GPM) orientiert sich an dem EFQM-Modell, ist jedoch auf das Projektmanagement fokussiert.

Kriterien für erfolgreiche Projekte nach dem Project Excellence Modell sind:[51]

- Kundenorientierung
- Mitarbeiterentwicklung und -beteiligung
- Partnerschaft mit Lieferanten
- Führung- und Zielkonsequenz
- Gesellschaftliche Verantwortung
- Prozesse und Fakten
- Ergebnisorientierung

[51] Quelle: [93]

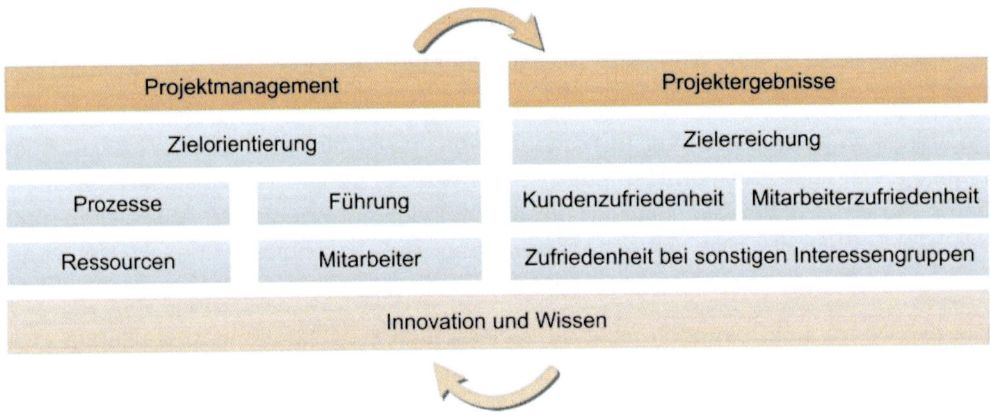

Abbildung 57: Project Excellence Modell

13.3 Qualitätsmanagement-Werkzeuge

Verschiedene Werkzeuge können für das Qualitätsmanagement eingesetzt werden, mit denen sich viele auftretende Problemfälle beherrschen lassen.

Werkzeuge zur Fehlererfassung

- Fehlersammelliste
- Histogramm
- Qualitäts-Regelkarte

Werkzeuge zur Fehleranalyse

- Flussdiagramm
- Pareto-Diagramm
- Streudiagramm
- Ursache-Wirkungs-Diagramm
- Werteverlauf-Diagramm

13.3.1 FEHLERSAMMELLISTE

Eine Fehlersammelliste stellt in einer einfachen Übersicht Fehler nach Art und Anzahl dar:

Lfd.-Nr	Fehler	Anzahl
1	zu salzig	4
2	zu dunkel	7
3	zu hell	11
...	...	...

Tabelle 36: Beispiel Fehlersammelliste "Gebäckqualität"

Die Fehlersammelliste dient als Grundlage für das Pareto-Diagramm. Wichtig ist eine eindeutige Fragestellung bei der Datenerhebung.

13.3.2 QUALITÄTS-REGELKARTE

Die Qualitätsregelkarte wird zur statistischen Überwachung von Prozessergebnissen eingesetzt. Definiert wird ein Mittelwert, sowie, jeweils für obere und untere Werte, eine Warngrenze, Eingriffsgrenze und ein Grenzwert. Schematisch und im Beispiel ist die Regelkarte wie folgt aufgebaut:

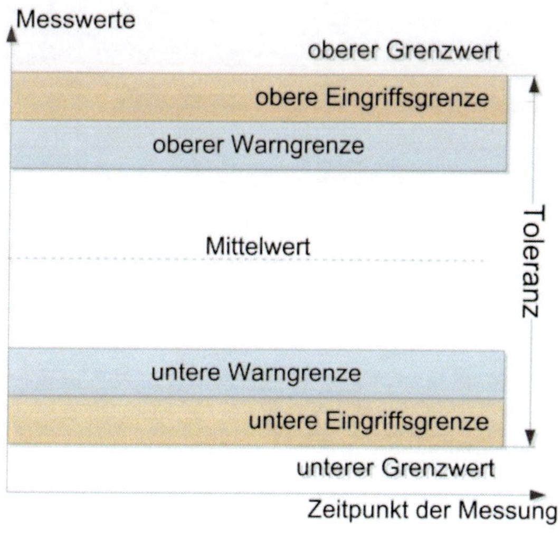

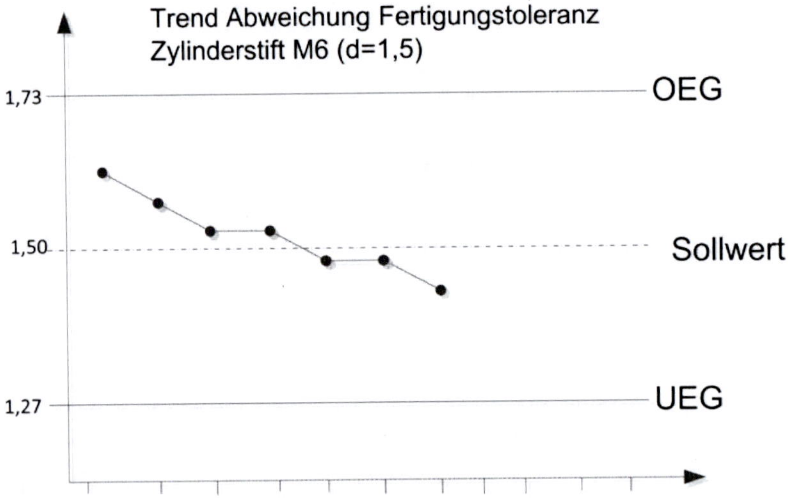

Abbildung 58: Schematischer Aufbau und Beispiel einer Qualitätsregelkarte

13.3.3 FLUSSDIAGRAMM

Flussdiagramme werden eingesetzt, um Prozessabläufe darzustellen.

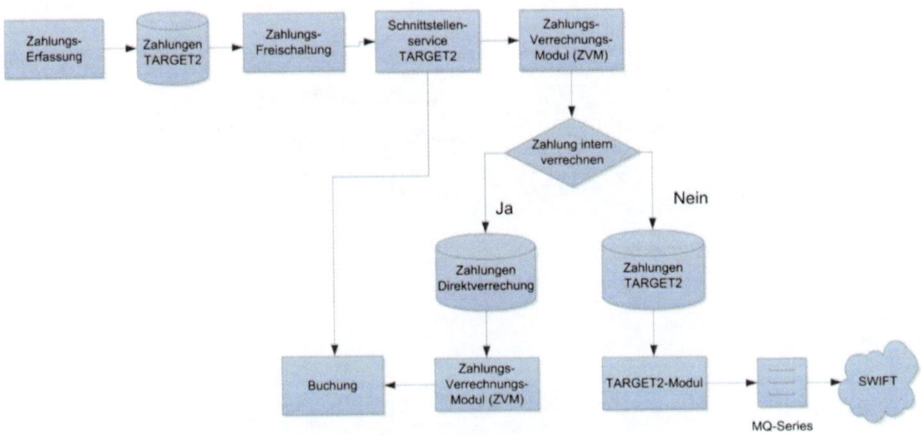

Abbildung 59: Beispiel: Flussdiagramm

13.3.4 STREUDIAGRAMM/KORRELATIONSDIAGRAMM

Das Streudiagramm stellt die grafische Beziehung zweier veränderlicher Faktoren in Beziehung Zu beachten ist jedoch, dass die Korrelation u. U. nicht aussagekräftig ist (Bspw. das Verhältnis der aktuellen Storchpopulation zu Neugeborenen):

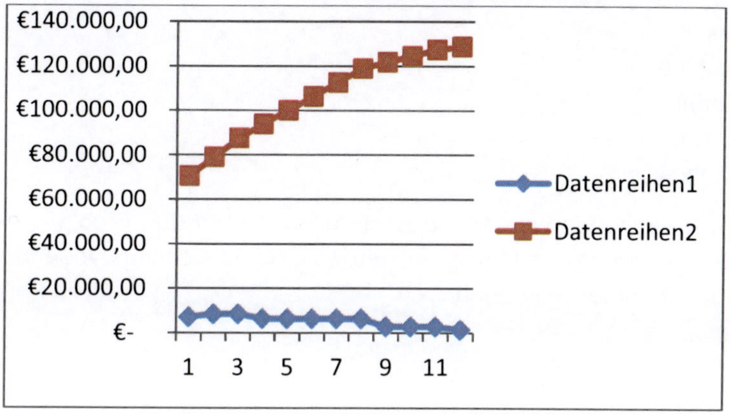

Abbildung 60: Beispiel: Streudiagramm

13.3.5 HISTOGRAMM

Das Histogramm oder Säulendiagramm zeigt die Häufigkeitsverteilung klassifizierter Daten.

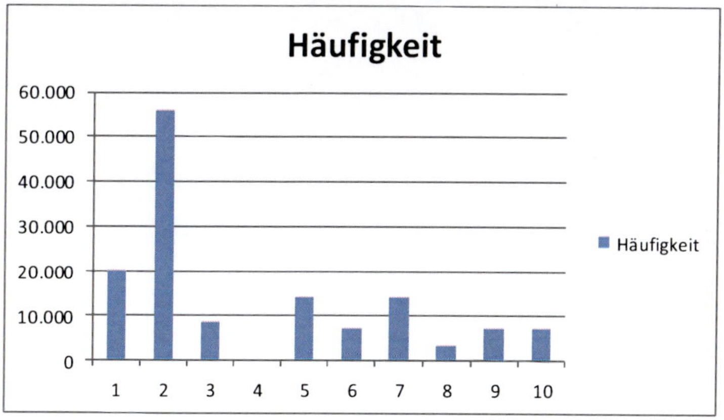

Abbildung 61: Beispiel: Histogramm

13.3.6 URSACHE-WIRKUNGS-DIAGRAMM

Das Ursache-Wirkungs-Diagramm, auch Fischgrätendiagramm, Fishbone-Diagram oder Ishikawa-Diagramm genannt, basiert auf den sog. 5 „M"s:

- **M**ensch
- **M**aschine
- **M**aterial
- **M**ethode
- **M**itwelt/Milieu

Zu jeder dieser Ursachen werden Beispiele gesucht, um das Problem, die Wirkung, zu begründen. Die einzelnen Ursachen werden dann in weiter in Nebenursachen und Einzelursachen heruntergebrochen.

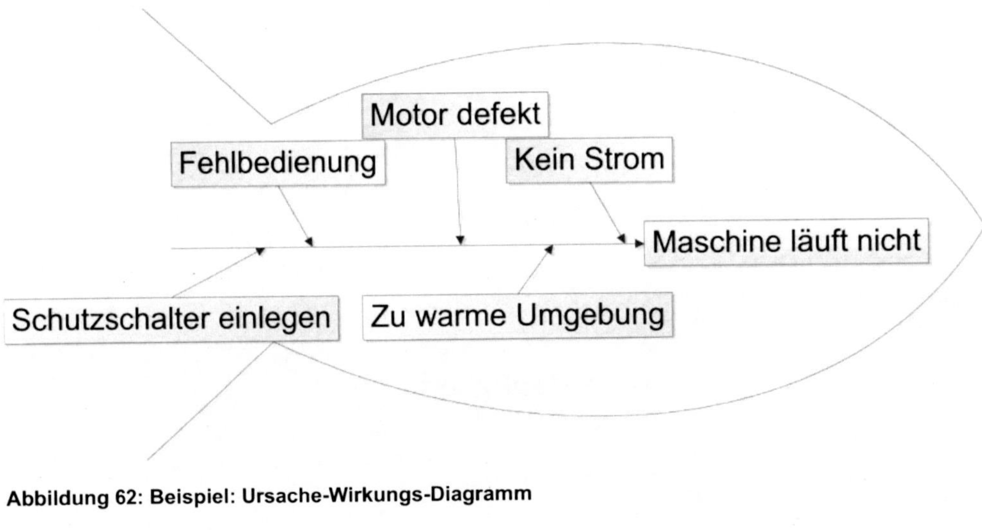

Abbildung 62: Beispiel: Ursache-Wirkungs-Diagramm

14. RECHT, VERTRÄGE UND CLAIMMANAGEMENT

PM3: 1.14b Die rechtlichen Grundlagen der Beschaffung: Verträge
PM3: 1.14c Vertragsrecht in der Projektarbeit

14.1 Definitionen

Vertrag

Das Bürgerliche Gesetzbuch (BGB) definiert den Vertrag wie folgt:

„Der Vertrag ist ein Rechtsgeschäft. Es besteht aus inhaltlich übereinstimmenden, mit Bezug aufeinander abgegebenen Willenserklärungen (Angebot und Annahme) von mindestens zwei Personen.“[52]

Vertragsmanagement

„Ein Aufgabengebiet innerhalb des Projektmanagements zur Steuerung der Gestaltung, des Abschlusses, der Fortschreibung und Entwicklung von Erträgen zur Erreichung der Projektziele“.[53]

Die Zielsetzung: optimale Vertragsgestaltung zur Erreichung des Vertragsziels und Unterstützung des Nachforderungsmanagements.

14.2 Relevante Vertragstypen in der Projektarbeit

Gesetzliche Grundlagen

Das Vertragsrecht ist geregelt im **BGB** und **HGB** (Handelsgesetzbuch). Die gesetzlichen Grundlagen des Vertragsrechts finden sich in §§ 145 ff. BGB:

- Kaufvertrag: §§ 433 ff. BGB
- Dienstvertrag: §§ 611 ff. BGB
- Werkvertrag: §§ 631 ff. BGB

[52] Quelle: Bürgerlichen Gesetzbuch (BGB) aus Schönfelder, Verlag C.Beck, Stand 2011
[53] vgl. DIN69905

Kaufvertrag

Der Verkäufer schuldet eine Kaufsache frei von Sach- und Rechtsmängeln. Der Verkäufer verpflichtet sich, an den Käufer gegen Entgelt **Eigentum und Besitz** zu übertragen.

Dienstleistungsvertrag

Der Auftragnehmer schuldet eine **Leistung** unabhängig vom Erfolg.

Derjenige, der Dienste zusagt, verspricht die Leistung der versprochenen Dienste, der andere Teil die Gewährung der vereinbarten Vergütung.

Werkvertrag

Der Auftragnehmer schuldet **Erfolg.** Der Auftraggeber schuldet die zugesagte Gegenleistung und die Abnahme.

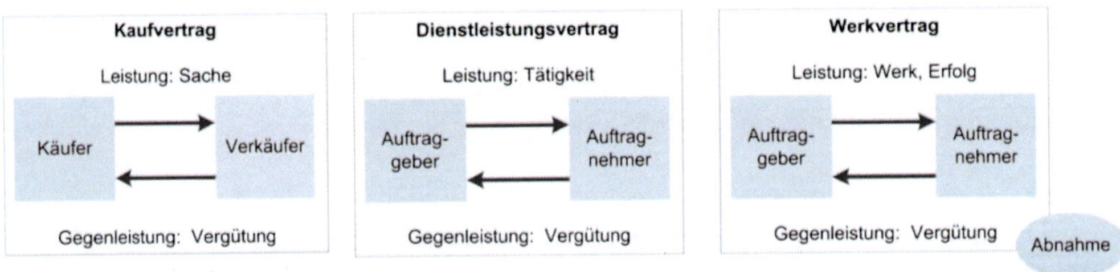

Abbildung 63: Verträge – Schuldverhältnis

Leistungsstörungen

Der Auftragnehmer hat die Leistung vollständig, zum vorgegebenen Termin in der vereinbarten Qualität abzuliefern. Abweichungen hiervon sind Leistungsstörungen d. h.:

- Verzug
- Schlechtleistung
- Teilweise Nichtleistung
- Unmöglichkeit/ Unvermögen
- Minderleistung (z. B. gelieferte Menge/Qualität entspricht nicht der Vereinbarten)

Leistungsstörungen führen zu Sanktionen, sog. Rechtsfolgen:

- Nachbesserung, Nacherfüllung
- Selbstvornahmen (ein Anderer repariert)
- Herabsetzung der vereinbarten Vergütung (Minderung)
- Schadensersatz
- Vertragsstrafen
- Nichtabnahme
- Rücktritt vom Vertrag

Auftraggeber und Auftragnehmer haben bei Leistungsstörungen seitens der anderen Partei folgende Rechte:

Rechte des Auftraggebers (AG)	Rechte des Auftragnehmers (AN)
Vertragsstrafe (muss im Vertrag vereinbart sein)	Verweigerung der Leistung bei Nichtzahlung
Verweigerung bzw. Aufschub der Zahlung bei Mängeln	Einzug von Verzugszinsen
Nacherfüllung bei Mängeln (Mangel muss angezeigt und Gelegenheit zur Beseitigung gegeben werden)	Rücktritt (wenn Frist zur Nacherfüllung abgelaufen ist)
Minderung und Rücktritt (wenn Frist zur Nacherfüllung abgelaufen ist)	
Schadenersatz (bei Verschulden des AN, wenn Frist zur Nacherfüllung abgelaufen ist)	Schadenersatz (bei Verschulden des AG, wenn Frist zur Nacherfüllung abgelaufen ist)
Kündigung aus wichtigem Grund, wenn Fortsetzung nicht mehr zumutbar ist und auch Abmahnung erfolglos bleibt	Kündigung aus wichtigem Grund, wenn Fortsetzung nicht mehr zumutbar ist und auch Abmahnung erfolglos bleibt

Tabelle 37: Rechte des Auftraggebers und –Nehmers

Als Projektleiter solle man bei jeder vertragsrelevanten Änderung einen Juristen zurate ziehen, der den Vertrag auf juristische Aspekte hin überprüft. Die sind:

- Vertragsschließung
- Vertragsänderung
- Vertragsverletzung
- Vertragskündigung

14.3 Claim Management

Bei Abweichungen vom Vertrag in Form von außervertraglicher Leistungen und Leistungsstörungen müssen diese zunächst erfasst und bewertet werden. D. h., es muss geklärt werden, inwieweit sich daraus eine Abweichung hinsichtlich Kosten, Leistungen und Terminen ergibt. Ggf. muss daraus auf Grundlage des Vertragswerkes durch Juristen ermittelt werden, ob sich gegenüber dem Vertragspartner ein Anspruch geltend machen lässt. Ein solcher Anspruch muss in einer Stellungnahme begründet werden. Die durch das Vertragsmanagement während der Vertragslaufzeit gesammelten Dokumente dienen dann als Nachweis der Ursachen für diesen Anspruch, sodass seine Durchsetzung erwirkt werden kann. Hier greift das Claim-Management.

Das Claim Management enthält sowohl Chancen als auch Risiken. Ziel des Claim-Managers ist es, die Risiken zu minimieren und die Chancen zu nutzen. Dabei geht es nicht nur um das Erzielen zusätzlicher Erträge, sondern insbesondere auch um die Abwehr von Claims.

Durch die Überwachung der Leistungserbringung können bereits frühzeitig Risiken erkannt werden.

Chancen

Das Erzielen von zusätzlichen Erträgen sollte nicht im Fokus des Claims Management stehen. Vielmehr ist ein fairer Umgang mit Nachforderungen anzustreben, um hierdurch die Kundenbeziehung zu stärken und Kompetenz zu beweisen.

Risiken

Ein nicht zu unterschätzendes Risiko im Claim Management besteht in der Gefahr, durch eine Nachforderung die Kundenbeziehung zu belasten. Hier gilt es sich einer unternehmensweit abgestimmten Strategie zu bedienen.

14.3.1 DEFINITION[54]

Claim/Nachforderung

Forderungen aufgrund eines Vertrages, die eine Vertragspartei an die Andere stellt, wenn die andere Vertragspartei ihre vertraglichen Verpflichtungen nicht oder nur mangelhaft erfüllt.

---

[54] vgl. [33]

Oder

Die andere Vertragspartei aufgrund vertraglicher Regelungen Änderungen des Vertrages fordert.

Oder

Die Vertragsabwicklung durch Ursachen gestört wird, die keine der Vertragsparteien zu vertreten hat.

14.3.2 ZIELE

- Leistungen im Projekt erfolgreich einkaufen.
- Proaktives Claim Management durchführen können, d. h. Nachforderungen geltend machen
- Claims abwehren.

14.3.3 ARTEN VON CLAIMS

Terminliche Claims

Bspw.: Zeitverzug aufgrund von fehlenden Beistellungsleistungen.

Inhaltliche Claims

Bspw.: Lieferung entspricht nicht den vorgegebenen Leistungsmerkmalen.

Finanzielle Claims

Bereitstellungskosten aufgrund von verspäteten Zulieferleistungen des Auftraggebers.

14.3.4 ERSTELLEN EINES CLAIMS

Ein Claim sollte folgende Inhalte aufweisen:[55]

Anstoß

Darstellung der Fakten zum Claim: Grundlagen, Herleitung, was ist passiert und welche Auswirkung hatte das Ereignis. Prüfen der Fakten: korrekt – vollständig – unstrittig?

Rechtfertigung

Anspruchsgrundlage prüfen, nur was vor Gericht Bestand hat, ist auch verwertbar.

---

[55] vgl. [27]

Bewertung

Bewertung der Kosten für die Nachforderung. Nur Kosten, keine Gewinne o.ä. aufführen!

Beweise

Die Beweise müssen gerichtsverwertbar sein. Eigenbelege, Schilderung vom Hörensagen etc. sind nicht verwertbar.

Dokumente sind über das Dokumentenmanagement anzufordern bzw. zusammenstellen lassen.

14.4 Wichtige Verordnungen / Gesetzte in der Projektarbeit

3.09 Gesundheit, Sicherheit, Umwelt

Aus Sicht der Vorsorge für die Sicherheit und den Gesundheitsschutz der Projekt-Mitarbeiter kann das TOP-Prinzip als Leitlinie angewendet werden[56]. Es besteht aus den Komponenten Technik, Organisation und Personal, zu denen es jeweils Gesetze und Verordnungen sowie betriebs- und projektinterne Maßnahmen geben kann (bspw. Betriebssport).

Technik (Arbeitsplatz, technische Anlagen, etc.)

- Arbeitsstättenverordnung
- Immissionsschutzgesetz
- Umweltgesetze

Organisation (Arbeitszeit, Pausen, etc.)

- Mutterschutzgesetz
- Arbeitszeitgesetz

Personal (Nichtraucherschutz, Schutzbekleidung, Präventivmaßnahmen zur Gesundheit, etc.)

- Betriebssicherheitsverordnung
- Arbeitsschutzgesetz

[56] vgl. [25] Seite 1297

15. PROJEKTCONTROLLING

PM3: 1.16 Projektcontrolling: Überwachung, Steuerung und Berichtswesen

Ziel des Projektcontrollings ist es, frühzeitig Abweichungen im Projektverlauf zu erkennen und Steuerungsmaßnahmen einzuleiten.

15.1 Definition

Controlling ist die Bereitstellung von Methoden und Informationen für arbeitsteilig ablaufende Planungs- und Kontrollprozesse, sowie die funktionsübergreifende Unterstützung und Koordination solcher Prozesse.[57]

15.2 Vorgehen

W. Edwards Deming hat den sog. Qualitätszyklus, Deming-Zyklus oder auch PDCA-Zyklus für Qualität bekannt gemacht.

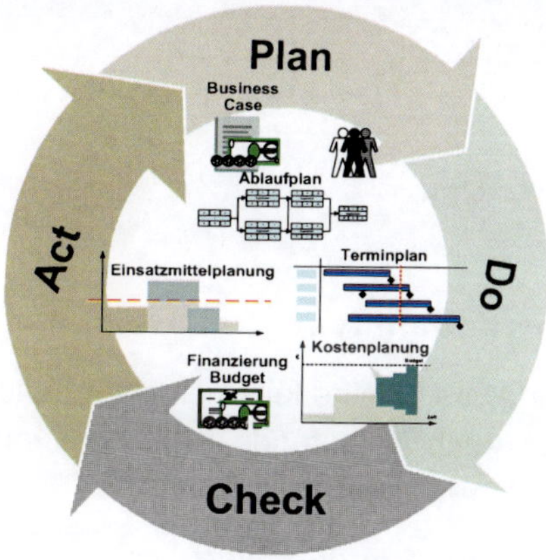

Abbildung 64: PDCA-Zyklus

Aus den vier Phasen lässt sich für das Projektcontrolling folgendes ableiten:

- Plan – Planen: Projektplanung erstellen
- Do – Durchführen: Istdaten sammeln
- Check – Überprüfen: Soll- /Istvergleich durchführen und Abweichungen erkennen
- Akt – Handeln: Korrekturmaßnahmen planen und einleiten

[57] vgl. [63] Seite 21

15.3 Kostentrendanalyse

Eine Kostentrendanalyse ist leicht zu erstellen und hat eine hohe Aussagekraft zum weiteren Kostenverlauf. Voraussetzung hierfür sind jedoch belastbare Plan- und Istzahlen.

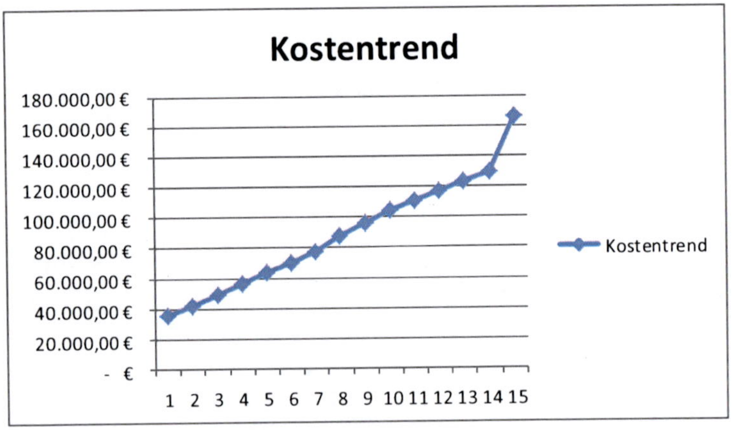

Abbildung 65: Kostentrendanalyse

15.4 Meilensteintrendanalyse

Die Meilensteintrendanalyse ist eine leicht einzurichtende Übersicht über die Entwicklung der Meilensteine. Auch in laufende Projekte kann die Meilensteintrendanalyse gut integriert werden.[58]

Zielsetzung der Meilensteintrendanalyse

- Terminbewusstsein der Projektbeteiligten schärfen
- Transparenz über die Projekttermine sicherstellen
- Erkennen und Abschätzen des Termintrends
- Kommunikation zwischen Projektbeteiligten
- Harte und weiche Daten der Projektsituation berücksichtigen

[58] vgl. [57] Seite 163 f.

Nutzen der Meilensteintrendanalyse

- Hat einen hohen Aussagewert.
- Ist leicht durchschaubar.
- Ist problemlos einführbar, auch in bereits laufenden Projekten.

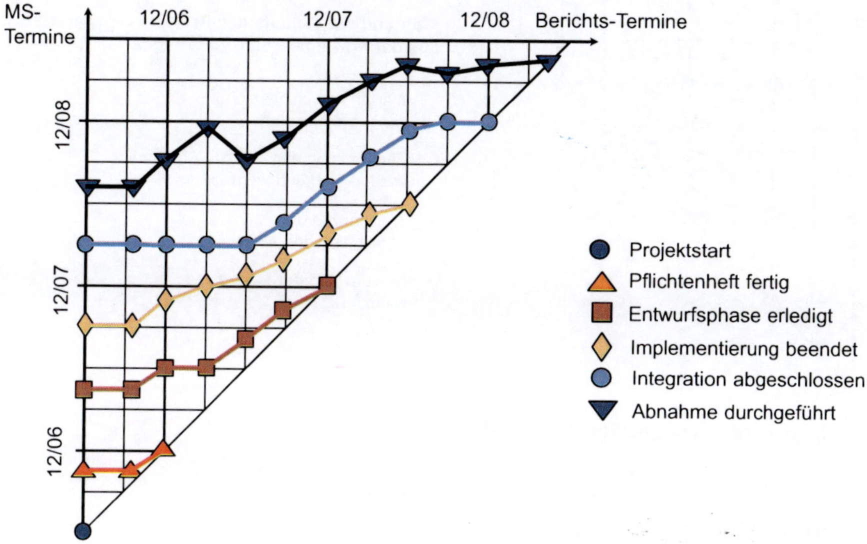

Abbildung 66: Beispiel Meilensteintrendanalyse

Die vorhandenen Meilensteine werden in einem Zeitraster eingetragen. Auf der oberen Ache werden die geplanten Berichtstermine eingetragen. Zu jedem Berichtstermin werden die voraussichtlichen neuen Meilensteintermine aktualisiert. Eine Abweichung des Terminverlaufs nach oben bedeutet eine Verspätung des Meilensteins. Eine Abweichung nach unten bedeutet eine Vorverlegung des Meilenstein-Termins.

So entsteht eine gute Übersicht über den Meilensteinverlauf, die jedoch interpretiert werden muss.

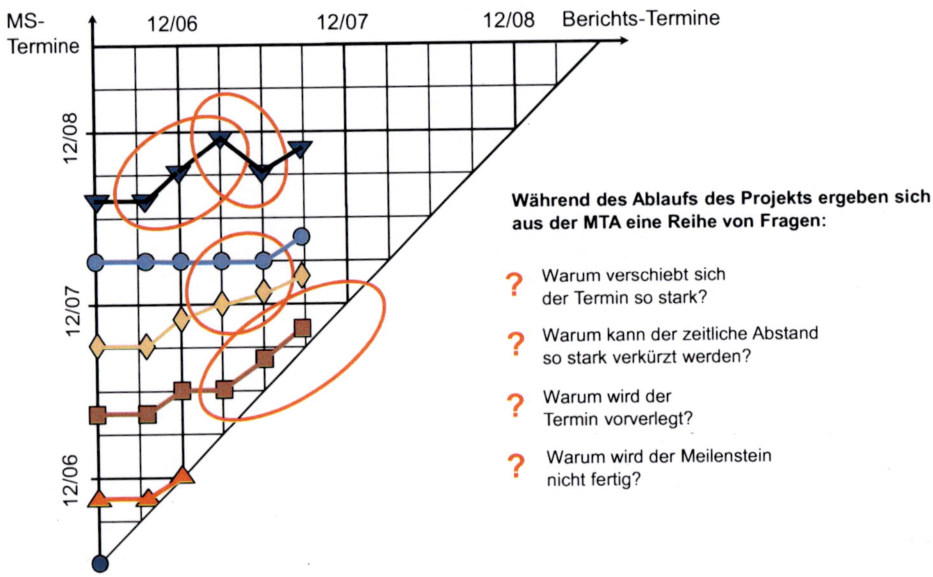

Abbildung 67: Interpretation der Meilensteintrendanalyse

15.5 Earned-Value-Analyse

Die Earned Value Analyse (EVA) wird in vielen größeren Projekten als Analyseinstrument eingesetzt. [59]

Sie dient vor allem als eine Methode zur integrierten Kostenüberwachung und als Grundlage für die Prognose für den weiteren Projektverlauf. Voraussetzung für eine EVA sind die Definition von Arbeitspaketen und deren Bewertung in Geldwerten.

Folgende Fragen soll die EVA beantworten:[60]

- Die aktuellen Ist-Kosten sind geringer als die Plan-Kosten. Bedeutet dies, dass das Projekt effizient arbeitet oder dass es hinter dem definierten Zeitplan steht?

---

[59] In Anlehnung an [57] Seite 168 f.

[60] vgl. [60]

- Was wird das Projekt bei Projektende voraussichtlich kosten und liegt dies noch innerhalb des Budgets?
- Wie effizient nutzen wir unsere Zeit und unsere Ressourcen?
- Wie groß wird der Profit bzw. der ROI am Ende des Projekts sein?

Mit dem Earned Value Management ist es möglich, die Endkosten und das Endedatum des Projektes schon vor dem Projektende zu berechnen.

15.5.1 DEFINITION

Wichtige Begriffe der Earned Value Analyse sind:

Budget at Completion (BAC) – Plangesamtkosten (GK)
Geplante Gesamtkosten zum Projektbeginn

Planed Value (PV) – Plankosten (Kplan)
Auch: Budgeted Cost of Work Scheduled (BCWS)

Actual Cost (AC) – Istkosten (Kist)
Auch: Actual Cost of Work Performed (ACWP)

Earned Value (EV) – Fortschrittswert (FW)
Auch: Budgeted Cost of Work Performed (BCWP)

Cost Variance (CV)
Kostenabweichung: CV = EV – AC

Schedule Variance (SV)
Planabweichung: SV = EV – PV

Cost Performance Index (CPI)
Verhältnis zwischen tatsächlichen Kosten und dem Wert der geleisteten Arbeit: CPI = EV / AC

> 1 weniger Kosten - = 1 im Kostenplan - < 1 mehr Kosten als geplant

Estimate at Completion (EAC)
Wahrscheinliche Gesamtkosten aus heutiger Sicht: EAC = BAC / CPI

Schedule Performance Index (SPI)
Verhältnis zwischen geplanten Kosten und dem Wert der geleisteten Arbeit
SPI = EV / PV > 1 im Zeitplan voraus - = 1 im Zeitplan - < 1 dem Zeitplan hinterher

15.5.2 VORAUSSETZUNG FÜR DIE EARNED-VALUE-ANALYSE

- Zerlegung des Projektes in Arbeitspakete
- Planung des Aufwandes je Arbeitspaket
- Beginn- und Fertigmeldung je Arbeitspaket
- Festgelegte Fortschrittsmessung je Arbeitspaket

Fortschrittsmessmethoden

Zur Messung des Fortschrittes von Arbeitspaketen werden folgende Methoden eingesetzt:

- **Statusschritte** (z. B. Mikromeilensteine im AP)
  Für umfangreichere Arbeitspakete; Teilergebnissen wird vorab ein Fertigstellungswert zugeordnet:
  Arbeitspaket (AP) Kellergeschoss errichten: MS1-Grube ausgehoben (30%), MS2-Bodenplatte gegossen (30%), MS3-Kellerwände betoniert (30%), MS4-Geschossdecke fertiggestellt (10%).
- **50 - 50 Methode**
  Insbesondere für kleinere AP: 50% FW bei Beginn, 50% bei Fertigmeldung
- **0 - 100** Methode
  Das AP wird bis zur endgültigen Fertigstellung mit 0% bewertet – insbesondere bei sehr kleinen Arbeitspaketen sinnvoll.
- **Mengenproportionalität**
  Fortschritt auf Grundlagen von Materialverbrauch (z. B. Straßenbau)
- **Sekundärproportionalität**
  Liegen keine quantitativen Messpunkte vor, können z. B. Qualitätssicherungen (Abnahme Konzept erfolgt) herangezogen werden.
- **Schätzung**
  Die am meisten verbreitete Messmethode: Angabe des Fortschritts durch Schätzung durch den AP-Verantwortlichen oder Fachpersonal. Besondere Vorsicht ist bei Aussagen wie „fast fertig“ oder „zu 90% fertig“, dem sog. 90%-Syndrom angebracht.
- **Zeitproportionalität**
  Fortschrittsmessung anhand der verstrichenen Zeit z. B. Projektmanagement.

15.5.3 VORGEHEN

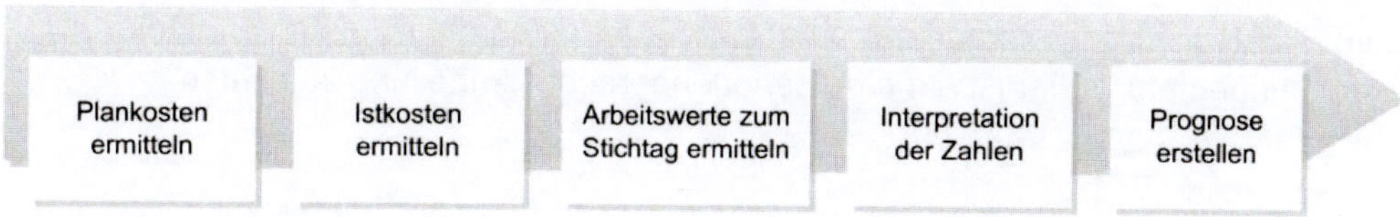

Plankosten ermitteln

Im Zuge der Arbeitspaketdefinition wird durch Aufwandschätzung oder Berechnung für jedes Arbeitspaket ein Wert ermittelt. Zusätzlich muss in der Arbeitspaketbeschreibung die Fortschrittsmessmethode vereinbart werden. Ggf. sind klare Fortschrittswerte festzulegen (z. B. Micromeilensteine).

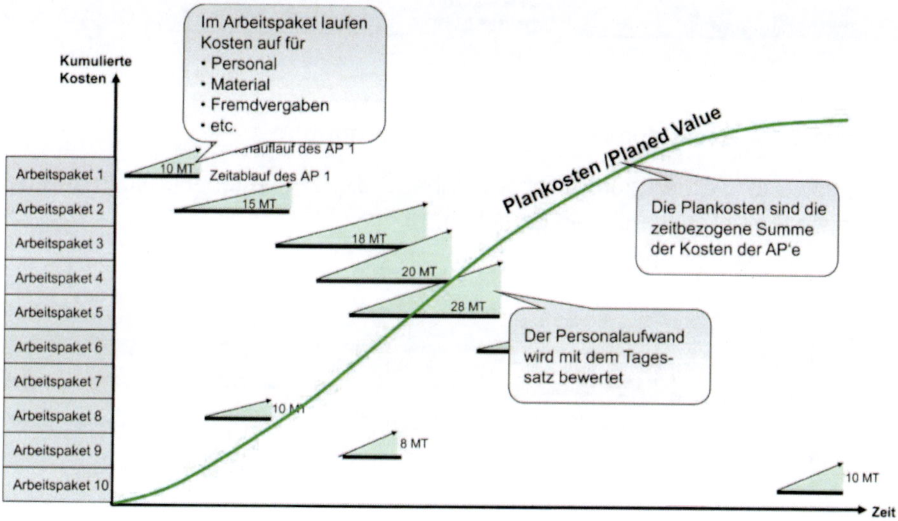

MT = Mitarbeiter Tage

Istkosten ermitteln

Zum Stichtag werden anhand der aufgelaufenen Kosten die Istkosten ermittelt (Rechnungen etc.). Hier ist auf eine periodengerechte Aufteilung zu achten.

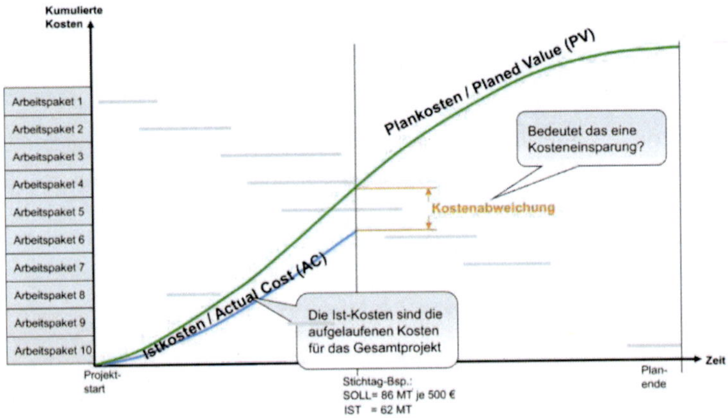

Fortschrittswert der Arbeitspakete zum Stichtag ermitteln.

Die Fortschrittswerte werden zum Stichtag anhand der konkreten Fortschrittswerte von den Arbeitspaketverantwortlichen gemeldet.

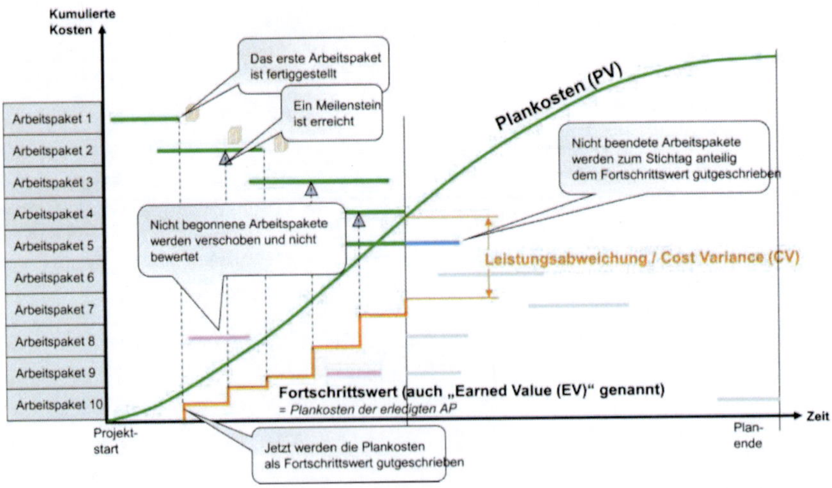

Interpretation der Zahlen und Erstellung einer Prognose

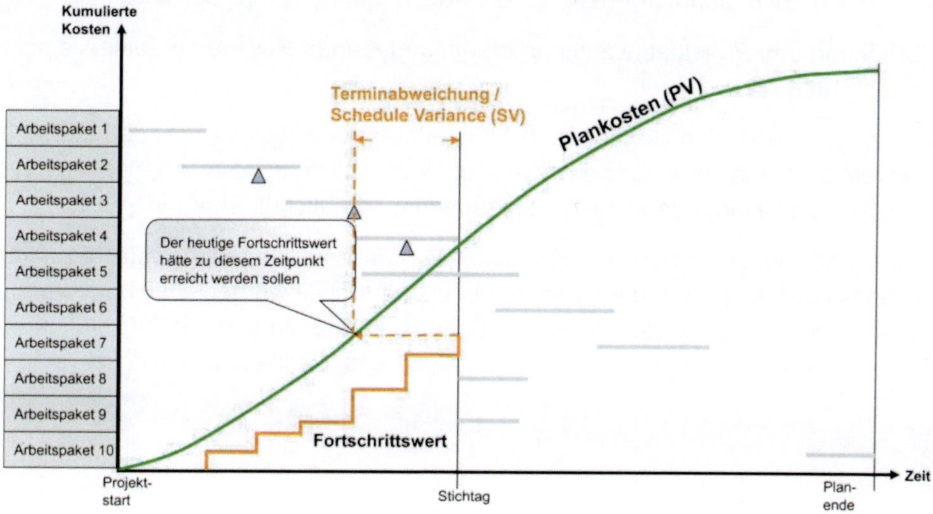

Darstellung der Terminabweichung

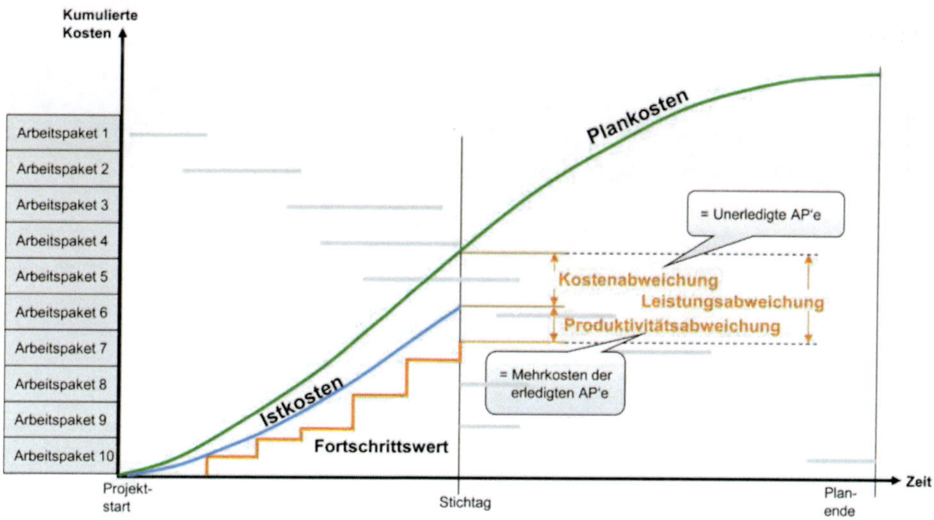

Leistungs-, Kosten- und Produktivitätsabweichung

Rechnet man die zum Stichtag eingetretene Produktivitätsabweichung auf das gesamte Projekt hoch, dann ergeben sich die neuen, geplanten Istkosten gem. Grafik.

Die Erhöhung des Projektaufwands ergibt bei gegebenen Ressourcen eine Verschiebung des Endtermins.

Geht man von den unten stehenden Kurvenverläufen aus, so wäre mit dem normalen Kostenvergleich nur erkennbar gewesen, dass am Stichtag erst 70% der geplanten Kosten tatsächlich eingetreten sind - ein zunächst erfreuliches Ergebnis.

Mit der Earned Value Analyse erkennt man aber, dass mit diesen 70% des geplanten Aufwandes nur knapp 60% der geplanten Leistung erstellt wurden. Das bedeutet: Für die tatsächliche Leistung trat eine Kostenüberschreitung ein und darüber hinaus wird durch die Leistungsabweichung ein Zeitverzug für das Projekt wahrscheinlich.

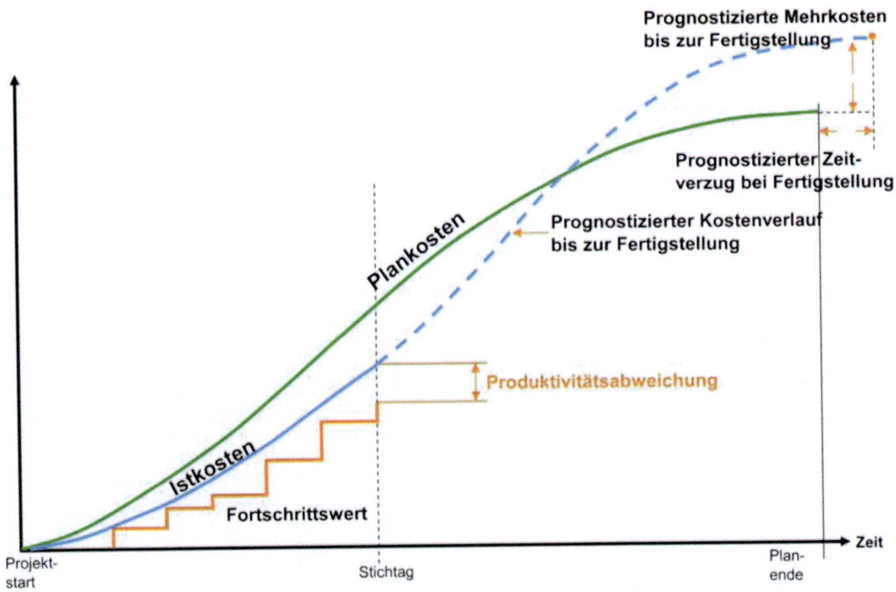

Interpretation der Zahlen [61]

Für die Berechnung werden die in Werte:

- Fertigstellungswert (FW) oder beim Vorliegen einer %-Zahl der Fortschrittsgrad (FGist)
- Plangesamtkosten (GKplan)
- Istkosten (Kist), d. h. die bis zum Stichtag aufgelaufenen Kosten
- Sollkosten (Ksoll) zum Stichtag
- Restkosten (Krest) vom Stichtag bis zum vermuteten Projektende

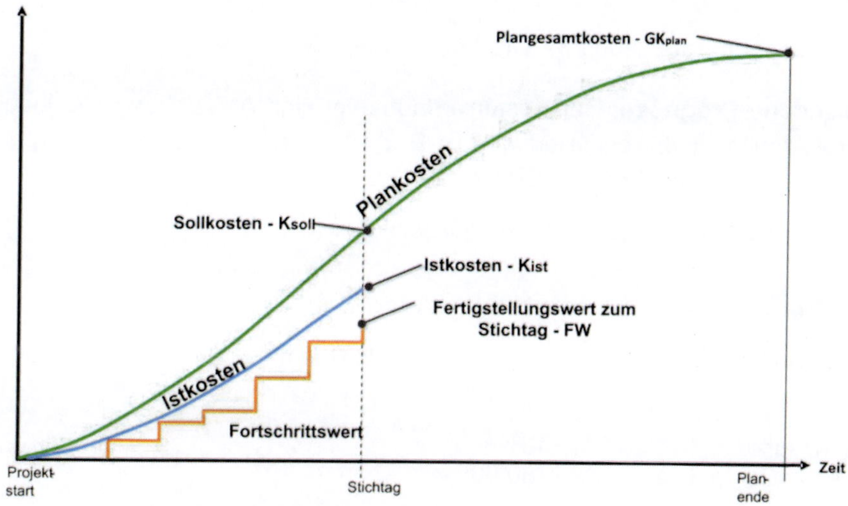

Die Berechnungen werden wie folgt durchgeführt:

Ermittlung des Fertigstellungsgrades

$$FG_{ist} = K_{ist} / (K_{ist} + K_{rest})$$
$$FG_{ist} = FW / GK_{plan} * 100$$
$$FG_{soll} = K_{soll} / GK_{plan} * 100$$

Fertigstellungswert

$$FW = \text{Fertigstellungsgrad } (FG_{ist}) * \text{Plankosten } (GK_{plan})$$

[61] vgl. [91]

Prognose

Bei der Prognose der Gesamtkosten werden unterschieden:

Lineare Prognose: Der Kostenverlauf verhält sich weiterhin wie in der abgelaufenen Periode (Bspw. durch dauerhafte Erhöhung der Stundensätze der externen Mitarbeiter).

$$\text{Gesamtkosten linear} = GK_{plan} * K_{ist} / FW$$

Additive Prognose: Der Kostenverlauf wurde durch einmalige Ereignisse beeinflusst, die in der Zukunft nicht mehr auftreten werden (Bspw. nicht eingeplante Zusatzkosten).

$$\text{Gesamtkosten additiv} = GKplan + Kist – FW$$

Optimistische Prognose: Der Kostenverlauf zeigt eine Abweichung, die jedoch bis zum Projektende wieder egalisiert wird (z. B. eine Rechnung wurde vorzeitig gezahlt, obwohl sie erst in der nächsten Periode fällig wäre).

$$\text{Gesamtkosten optimistisch} = GKplan = Kist$$

15.6 Beispiel – Earned Value Analyse

Ein Holzfällerteam soll 600 Bäume fällen. Wert je Baum: 1000,-€. Zum Stichtag meldet das Team:

Fortschrittsgrad:	40%
Istkosten lt. Controlling:	180.000,-€

Berechnungen

Plankosten:	1000 * 600 = 600.000,-€
Fortschrittswert:	600.000 * 0,4 = 240.000,-
Istkosten:	180.000,-

Prognose

Linear:	600.000 * 180.000 / 240.000 = 450.000
Additiv	600.000 + 180.000 – 240.000 = 540.000

Die Kosten liegen weit unter den Plankosten und werden wahrscheinlich bei Projektende unter den Plankosten liegen.

16. KONFIGURATIONS- UND ÄNDERUNGSMANAGEMENT

PM3: 1.15 Konfiguration und Änderungen

Das **Konfigurationsmanagement** (KM) wurde in den 1960er Jahren im militärischen Umfeld entwickelt. Ziel war es, stets genau zu wissen, welche Komponenten in die verwendeten Produkte eingebaut wurden.

16.1 Definition

Das V-Modell XT definiert das Konfigurationsmanagement wie folgt:[62]

„Das Ziel des Konfigurationsmanagements (KM) besteht darin, sicherzustellen, dass ein Produkt bezüglich seiner funktionalen wie auch äußeren Merkmale jederzeit eindeutig identifizierbar ist. Diese Identifikation dient der systematischen Kontrolle von Änderungen und zur Sicherstellung der Integrität, auch während der Nutzung des Produktes."

Das **Änderungsmanagement** besteht aus einem Prozess zur Freigabe von neuen Dokumenten und zur Überarbeitung und Freigabe von bestehenden Dokumenten.

16.2 Vorgehen

- Feststellen der Basiskonfiguration
  Definition der ersten Konfiguration (Baseline)
- Identifikation der Konfiguration
  Welche Komponenten sind in der Konfiguration enthalten?
- Änderungsmanagement
  Prozess bei Änderungen an der Konfiguration.
- Buchführung
  Festschreiben und Dokumentieren von Änderungen und verworfenen Anforderungen.

---

[62] vgl. [96]

- <u>Auditieren</u>
  Überprüfung der Einhaltung von Regeln des Konfigurations- und Änderungsmanagements.

16.3 Projektbeispiel - Änderungsmanagement

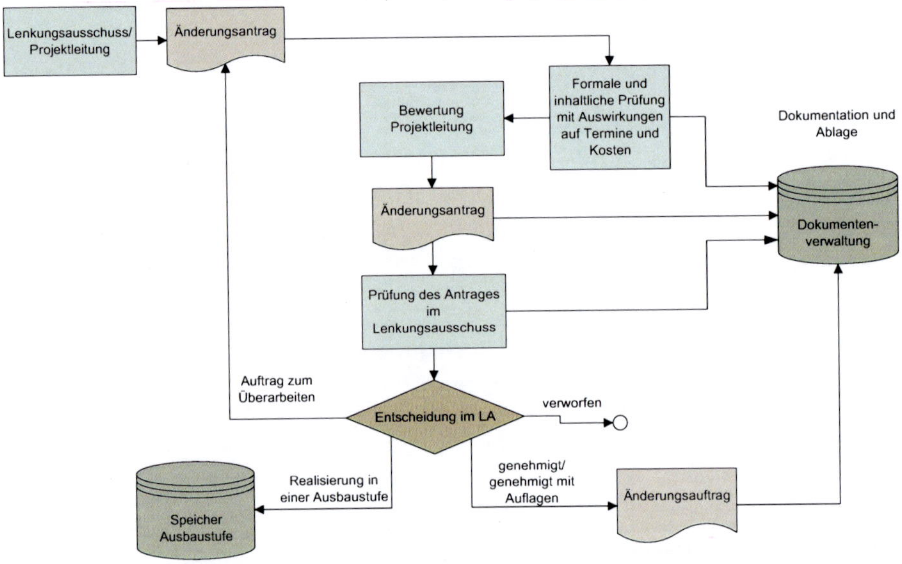

Abbildung 68: Beispiel eines Änderungsprozesses

Alle Änderungen werden über den Lenkungsausschuss oder den Projektleiter, bis 10 Tage oder 10.000,-€ Änderungsvolumen, eingereicht. Nach der Prüfung der Auswirkungen und fachlichen Notwendigkeit wird eine Empfehlung an den Lenkungsausschuss gegeben, den Änderungsantrag zu genehmigen oder zu verwerfen.

ROT GmbH	Projekt	SunOrganizer
Datum:	12.11.2002	
Verfasser:	Heinze, Sunnie	
Dokument: SO-AA-11-02-015		

Kurzbeschreibung	
Ausgabe der Anzeige auf 2. externen Bildschirm	
Fachliche Beschreibung	
Ist-/Ausgangssituation	Die festgeschriebene Konfiguration lässt nur die Ausgabe auf einen Monitor zu.
Zielsetzung	Ansteuerung eines 2. externen Monitors/ Bildschirms/Fernsehers zur Kundeninformation. Anschluss über Chinch-Stecker

Aufwandschätzung			
Personentage		Investitionen	
Design	1	Dual-Grafikkarte	250,-.
Programmierung	1	Fernseher	300,-
Test	1		480,-
QS	0,5		240,-
Sonstiges	0,5		240,-
Summe	**4**		**1510,-**

Bewertung Projektleitung (1-gering, 10-hoch)		
Auswirkungen auf		**Bemerkungen**
Termine	1	
Kosten	1	
Leistungsumfang	3	
Kundenzufriedenheit	10	

Votum Lenkungsausschuss	
Votum	**Bemerkungen**
☐ genehmigt	
☐ genehmigt mit Auflagen	
☐ endgültig verworfen	
☐ Realisierung in einer Ausbaustufe	

17. PROJEKTABSCHLUSS

PM3: 1.20 Projektabschluss
PM3: 1.01 Projekterfolg und Projektmanagementerfolg

17.1 Definitionen

Projekterfolg

Ein Projekt ist erfolgreich abgeschlossen, wenn das magische Dreieck aus Terminen, Kosten und Leistung eingehalten wurde.[63]

Zusätzlich ist der Projekterfolg an der Zufriedenheit der wichtigsten Stakeholder zu erkennen.

Projektmanagementerfolg[64]

„Projektmanagementerfolg ist der effektive und effiziente Einsatz von Methoden und Instrumenten des Projektmanagements, zur Steigerung des wirtschaftlichen Erfolgs und der Zufriedenheit der Stakeholder einzelner Projekte, des Projektportfolios insgesamt, sowie projektübergreifend der Erfolg der Organisation."

17.2 Aktivitäten zum Projektende

Am Ende eines Projektes ist der Projektgegenstand fertiggestellt und es erfolgt die Übergabe des Projektergebnisses und dessen Abnahme durch den Auftraggeber. Auch wenn die Arbeiten am Projektgegenstand abgeschlossen sind, ist ein Projekt dann noch nicht zu Ende. Unter anderem die folgenden Fragen sind noch nicht geklärt:

- Nachkalkulation der Kosten
- Formelle Abnahme durch den Auftraggeber
- Übergabe des Projektgegenstandes an die Linie
- Auflösung des Projektteams
- Erfahrungssicherung (Lessons Learned, Wissensdatenbank etc.)
- Projektabschlusssitzung mit Team und Auftraggeber
- Erstellung des Projektabschlussberichts
- Durchführung eines Abschlussevents als würdigen Abschluss des Projektes.

---

[63] vgl. [25] Seite 57
[64] ebenda Seite 58 f.

IV. SOFTSKILLS IM PROJEKTMANAGEMENT

1. TEAMBILDUNG UND -ARBEIT

PM3: 1.07 Teamarbeit

Teams werden nicht einfach durch eine Entscheidung des Managements „geboren" und sind unmittelbar voll funktionstüchtig. Zum Einen bestehen Teams aus Individuen. In der Regel dauert es eine Weile, bis sich die verschiedenen Teammitglieder aufeinander eingestellt und Beziehungen zueinander entwickelt haben, die zum Beispiel gegenseitiges Vertrauen ermöglichen. Zum Anderen sind, gerade bei neu gebildeten Teams, die Aufgaben und/oder die Art die Aufgabe zu lösen, unklar und es erfordert Abstimmung und Kommunikation, um sich über optimale Wege klar zu werden.

1.1 Definitionen

Gruppe

Eine Gruppe ist ein soziales System, dessen Sinnzusammenhang unmittelbar durch diffuse Mitgliederbeziehungen, sowie durch relative Dauerhaftigkeit bestimmt ist. [65]

Team

Personen, die für einen gewissen Zeitraum in direkter, sozialer Interaktion stehen und ein gemeinsames Ziel verfolgen. Eine Gruppe ist nicht immer ein Team, aber ein Team ist immer eine Gruppe.[66]

Ein Team erkennt man an einer hohen Autonomie, großer Beteiligung der Teammitglieder und hohem Zusammenhalt in der Gruppe. Daher werden als Gruppenattribute folgende auch Begriffe verwendet:

- **Autonomie** - Grad der Selbstbestimmung der Gruppe
- **Partizipation** - Beteiligung der Teammitglieder, z. B. an der Zielfindung
- **Kohäsion** - Zusammenhalt der Gruppe

[65] vgl. [35] Seite 15

[66] ebenda Seite 18

1.2 Teambildung

Zwei Modelle, wie sich neu gebildete Teams entwickeln, sollen im Folgenden diskutiert werden. Zunächst wird das Phasenmodell der Teamentwicklung von Tuckman behandelt, das sich auf Gruppen mit relativ langer Lebensdauer bezieht. Anschließend gehe ich kurz auf das Punctuated-Equilibrium-Modell von Gersick (1988) ein, das sich auf Gruppen mit festgelegter Lebensdauer bezieht (definiert zum Beispiel durch eine Deadline, zu der ein Projekt abgeschlossen sein muss).

1.2.1 TEAMPHASEN NACH TUCKMAN

Der Teambildungsprozess lässt sich, nach Tuckman, in folgende Phasen einteilen[67]

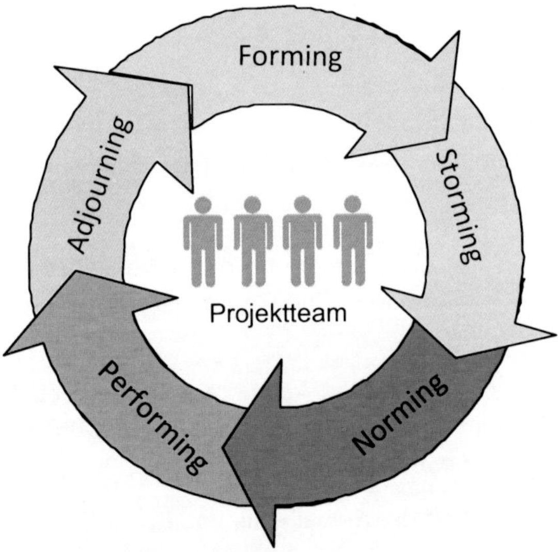

Abbildung 69: Teambildungsphasen nach Tuckman

[67] vgl. [16] Seite 23 f.

Phase	Gekennzeichnet durch
Forming Formierungsphase	• Benennung der Teammitglieder • Unsicherheit in der Zusammenarbeit • Gegenseitiges „Abtasten“ der Teammitglieder
Storming Konfliktphase	• Konflikte im Team • Aufbegehren gegen die Führenden/Einzelgänger • Grenzen werden ausgelotet
Norming Normierungsphase	• Gruppenzusammenhalt entsteht • Spielregeln werden akzeptiert • Gemeinsame Ziele werden angenommen
Performing Produktivitätsphase	• Alle Energie wird für die Zielerfüllung verwendet • Rollen sind festgelegt und akzeptiert
Adjourning Auflösungsphase	• Rückführung der Teammitglieder in die ursprünglichen Funktionen • Auflösungserscheinungen

Tabelle 38: Teambildungsphasen nach Tuckman

Phase	Rolle des Projektleiters
Forming	**Gastgeber** Optimierung der Orientierungsphase
Storming	**Katalysator** Klare Vorgaben durch die Projektleitung Offene und häufige Information an das Projektteam Gemeinsames Aufarbeiten der Themen - Außenwirkung des Projektes - Selbstbild vs. Fremdbild
Norming	**Katalysator** Unterstützung des Teams durch Coaching durch den Projektleiter Verbindliche Vereinbarung von Normen für Kommunikation, Umgang miteinander etc. Schaffung von ersten gemeinsamen Erfolgserlebnissen
Performing	**Gleicher unter Gleichen** Begleitung des Projektteams durch den Projektleiter als Kommunikator nach außen: Feedback an den Auftraggeber; "Feiern"
Adjourning	**Coach** Unterstützung der Teammitglieder bei der Rückführung „Türöffner“ für die Projektmitglieder Schaffen von erinnerungsrelevanten Artefakten

Tabelle 39: Rolle und Maßnahmen des Projektleiters

1.2.2 MODELL TEMPORÄRER TEAMS – PUNCTUATED-EQUILIBRIUM-MODELL

Das Punctuated-Equilibrium-Modell geht von zwei Phasen der Teamentwicklung aus: Nach der ersten Zusammenkunft als Team beginnt man sofort auf einem relativ niedrigen Leistungsniveau mit der Bearbeitung der anstehenden Aufgaben („Ist ja noch viel Zeit"). Ungefähr zur Hälfte der zur Verfügung stehenden Zeit, kommt es zu einem „Aufwachen" des Teams (Transition).

Zu dieser Halbzeit wird dem Team bewusst, dass es dem Zeitplan hinterherhinkt und es wird auf einem hohen Leistungsniveau weiter gearbeitet. In dieser Phase häufen sich Konflikte innerhalb des Teams. Das Leistungsniveau kann sich kurz vor Erreichen der Deadline oft noch einmal steigern, bis zum Ende der Aufgabe das Team aufgelöst wird.

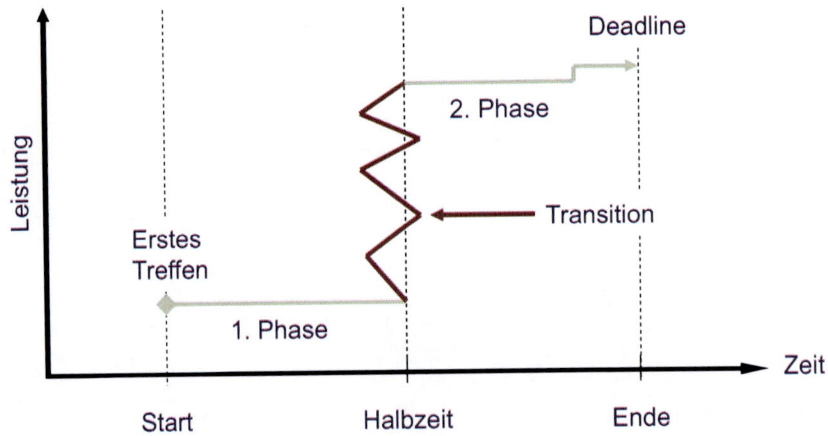

Abbildung 70: Modell temporärer Teams nach Gersick[68]

[68] vgl. [16] Seite 25

1.3 Team-Rollenmodell nach Belbin

R.M. Belbin hat neun Teamrollen identifiziert, die in einem Team besetzt sein sollten. Die Stärken und Schwächen der verschiedenen Rollen können zum Projekterfolg beitragen. Die gezielte Ausnutzung der Stärken eines nach Rollen ausgeglichenen Teams erfordert jedoch die gegenseitige Kenntnis der Rollen der Teammitglieder. [69]

Rolle	Beschreibung
Koordinator (Co-Ordinator)	Selbstsicher, vertrauensvoll, guter Leiter, stellt Ziele dar, fördert die Entscheidungsfindung, gute Delegationsfähigkeiten.
Macher (Shaper)	Dynamisch, aufgeschlossen, angespannt, arbeitet gut unter Druck, hat den Antrieb und Mut, Probleme zu überwinden.
Erfinder (Plant)	Kreativ, fantasievoll, unorthodoxes Denken, ernst, gute Problemlösungsfähigkeiten
Wegbereiter (Ressource Investigator)	Extrovertiert, enthusiastisch, kommunikativ, findet neue Optionen, entwickelt Kontakte, vermittelt
Teamarbeiter (Team Worker)	Kooperativ, sanft, einfühlsam, diplomatisch, emphatisch, hört zu, baut Spannungen ab
Beobachter (Monitor Evaluator)	Nüchtern, strategisch, scharfsinnig, kritisch, berücksichtigt alle Optionen, gutes Urteilsvermögen, wägt pro und kontra ab
Umsetzer (Implementer)	Diszipliniert, verlässlich, konservativ, effizient, setzt Ideen in Aktionen um
Perfektionist (Completer)	Sorgfältig, gewissenhaft, ängstlich, findet Fehler und Versäumnisse, hält Fristen und Zeitpläne ein
Spezialist (Specialist)	Stolz auf den Expertenstatus, setzt Standards ein und durch

[69] vgl. [4] Seite 317 ff.

1.4 Eigenschaften eines Projektleiters

Den perfekten Projektleiter wird es voraussichtlich nicht geben. Dennoch sollte ein Projektleiter folgende Eigenschaften mitbringen, um die Teambildung und den Projekterfolg zu unterstützen:

- Kommunikativ, teamorientiert
- Risikobewusst, nutzt Chancen
- Schnittstelle zwischen Auftraggeber und Projekt-Team bilden
- Aktives Managen von Aufgaben
- Überblick über das Projektgeschehen
- Antreiber, Motivator
- Denkt als Unternehmer (entrepreneurship)
- Aufmerksamkeit auf die „Schlüsselziele" gerichtet, zielorientiert
- Problemlösungsorientiertes Denken und Handeln

Zusätzlich soll der Projektleiter die Personalentwicklung im Projekt begleiten. Die Aufgaben können hier sein:

- Weiterbildung bei projektspezifischen Besonderheiten (neue Technologie o.ä.)
- Systematischer Aufbau von Know-how
- Aufbau oder Verbesserung der Fähigkeiten der Mitarbeiter
- Optimierung der Kommunikation, Motivation

Auch sollte der Projektleiter die Problemseiten von Teams nicht aus dem Auge verlieren und ggf. gegensteuern. Diese können sein:

<u>Groupthink</u>

Groupthink ist ein bestimmter Denkmodus von Menschen in einer Gruppe (Team, Workshop, Ausschuss). Beim Gruppendenken versucht die Gruppe, Konflikte nicht aufkommen zu lassen oder zu minimieren, und einen Konsens zu erreichen. Jedoch, ohne Ideen angemessen kritisch zu bewerten, zu analysieren und zu testen. Individuelle Sichtweisen und die individuelle Kreativität geht verloren, Querdenken ist unerwünscht. Dabei fühlen sich die Gruppenmitglieder der Gruppe sehr verbunden und vermeiden es von vornherein, in eine Konfliktsituation zu geraten. Die Harmonie der Gruppe wird als wichtiger empfunden als die realistische Einschätzung der Situation. Das Resultat kann dann sein, dass eine Gruppe von klugen Menschen trifft dumme Entscheidungen.

Sozial Loafing

Der Begriff soziales Faulenzen (engl.: Social Loafing) beschreibt ein Phänomen in einer Gruppe. Sobald Individuen in einer Gruppe mit anderen auf ein gemeinsames Ziel hinarbeiten und dabei ihre Einzelleistung nicht bekannt wird, reduziert sich ihre physiologische Anspannung. Diese Entspannung kann zu einem Leistungsabfall führen.

1.5 Projektbeispiel - Teambildung

Folgendes Fallbeispiel veranschaulicht den Teambildungsprozess im Projekt am Beispiel eines Softwareentwicklungsprojektes.

Durch die hoch spezialisierten Mitarbeiter, die ihre spezifischen Module eigenverantwortlich betreuen, sind Konflikte in der Abstimmungs- und Testphase wahrscheinlich. Insbesondere Softwareentwickler haben i. d. R. einen sehr ausgeprägten Hang zu Individualisierung und nur selten übergreifende Schnittstellenkenntnisse.

Die Projektmitglieder kennen sich überwiegend aus der täglichen Zusammenarbeit in der Linie. Dennoch müssen sich die Projektmitarbeiter im neuen Projektumfeld zuerst einmal wieder gegenseitig "finden".

Dies führte in der Anfangsphase zu latenten Spannungen bis hin zur offenen Eskalation durch einzelne Projektteilnehmer. Diese Phase der Teambildung wurde durch den Projektleiter durch Deeskalationsmaßnahmen begleitet. Hierzu wurden Einzel- und Gruppengespräche zur Förderung des gegenseitigen Verständnisses und zur Positionierung des Einzelnen innerhalb des Projektes durchgeführt.

Zur Unterstützung der Teamfindung wurden verschiedene Maßnahmen durchgeführt:

- Gemeinsame Unternehmungen auch außerhalb des Projektalltages (Paddeltour, Bowling, Biergartenbesuch)
- Regelmäßige Teammeetings
- Festlegen von Spielregeln zur Kommunikation und Konfliktbehebung
- Zielplan erstellen und gemeinsames Zielverständnis durch intensive Betreuung und Information sicherstellen
- Klare Aufgaben und Zuständigkeiten vergeben, um Transparenz zu schaffen

2. PROBLEMLÖSUNGSTECHNIKEN

PM3: 1.08 Problemlösung

2.1 Definition

Problem

Der Duden definiert das Wort Problem als eine:[70]

„schwierige [ungelöste] Aufgabe, schwer zu beantwortende Frage, komplizierte Fragestellung"

2.2 Problemarten[71]

In Projekten treten verschiedenste Probleme auf. Diese können beispielsweise nach dem Problemgegenstand oder nach dem Hindernis zwischen Soll und Ist unterschieden werden. Mögliche Problemarten im Projektverlauf, mit jeweils einem Beispiel:

- Methodenprobleme
  Das Wasserfallmodell eignet sich nicht für die Problemstellung, Scrum wäre sinnvoller.
- Erkenntnisproblem
  Ein Problem wird nicht erkannt, ignoriert oder falsch bewertet.
- Organisationsprobleme
  Interne Prozesse sind nicht ausreichend schnell oder geeignet.
- Sachprobleme
  Eine Zulieferung kommt zu spät, sodass ein vorgegebener Termin nicht eingehalten werden kann.
- Handlungsprobleme
  Eine Entscheidung führt zu nachhaltigen Fehlern.
- Entscheidungsprobleme
  Der Projektleiter entscheidet auch nach langer Diskussion nicht, da er „noch weitere Fakten" benötigt.
- Personalproblem
  Die Qualifikation eines Mitarbeiters reicht für die Aufgabe nicht aus.

[70] vgl. [18]
[71] vgl. [25] Seite 262 ff.

- Verhaltensprobleme
  Ein Mitarbeiter kommt oft zu spät, lässt andere nicht ausreden.
- Teamproblem
  Zwei Teammitglieder können sich nicht leiden und arbeiten gegeneinander.

2.3 Vorgehen - Problemlösungsprozess

Zur Lösung von Problem kann folgender Lösungsprozess durchlaufen werden. Die Rollen in den Problemlösungsprozessen sind dabei:

- Problemeigner
- Moderator und die
- Problemlösungsgruppe

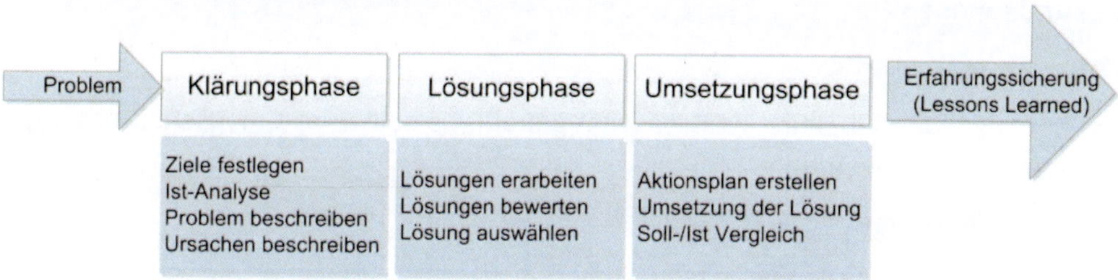

Abbildung 71: Problemlösungsprozess[72]

Problem

Ein Problem liegt dann vor, wenn von allen Beteiligten akzeptiert wird, dass es überhaupt ein Problem gibt.

Klärungsphase

<u>Ziele festlegen</u>

Ziel und Bedingungen zum Vorgehen müssen festgelegt werden (Teilnehmer am Prozess, Abbruchkriterien, Invest (Zeit und Geld)).

[72] angelehnt am [25] Seite 277 ff.

Ist-Analyse

Analyse der gesamten Komponenten der Ist-Situation, die Einfluss auf die Problemlösung haben.

Problem beschreiben

Möglichst neutrale Beschreibung des Problems, ggf. aus unterschiedlichen Sichtweisen.

Ursachen beschreiben

Herausarbeiten der vermutlichen Problemauslöser. Probleme haben oft andere Ursachen als zunächst angenommen.

Lösungsphase

Lösungen erarbeiten

Bei der Lösungserarbeitung ist Kreativität gefragt, es sollten alle möglichen Lösungsvarianten ermittelt werden.

Lösungen bewerten

Die Bewertung der Lösungen kann bspw. durch einen paarweisen Vergleich oder eine Nutzwertanalyse vorgenommen werden, um eine möglichst belastbare Aussage zum Nutzen zu bekommen.

Lösung auswählen

Aus den gefundenen Lösungsvarianten ist die Erfolgversprechendste auszuwählen.

Umsetzungsphase

Aktionsplan erstellen

Einplanung der Lösung im Projektverlauf.

Umsetzung der Lösung

Soll-/Ist-Vergleich

Zu gegebener Zeit ist zu prüfen, ob die gewählte Variante den gewünschten Effekt hatte. Ggf. sind weitere Maßnahmen zur Steuerung zu ergreifen.

Erfahrungssicherung

Ist der Problemlösungs-Prozess abgeschlossen, sollte eine Analyse der Durchführung vorgenommen werden, damit die Erfahrung für eine Optimierung der Lösungskompetenz verwendet werden kann.

Zur Problemlösung sind alle Methoden des Qualitätsmanagements anwendbar:

- Fehlersammelliste
- Histogramm
- Qualitäts-Regelkarte
- Flussdiagramm
- Pareto-Diagramm
- Streudiagramm
- Ursache-Wirkungs-Diagramm
- Werteverlauf-Diagramm

3. KREATIVITÄT

PM3: 2.07 Kreativität

Die Anwendung von Kreativitätstechniken kann bei der Lösung von Problemen und Aufgabenstellungen in vielen Bereichen der Projektarbeit helfen. Dargestellt werden in diesem Kapitel gängige, praxistaugliche Kreativitätstechniken.

In der Projektarbeit werden Kreativitätstechniken vorzugsweise zur Lösung von Problemen verwendet.

3.1 Definition

Unter Kreativität wird die Erzeugung und Auswahl neuer, wertvoller Informationen verstanden.[73]

Eine andere Definition besagt: Kreativität ist die menschliche Eigenschaft, neue Problemlösungen für bereits bekannte oder neu Aufgabenstellung zu erzeugen.[74]

3.2 Kreativitätstechniken

Jeder Kreativitätsprozess läuft, unabhängig von der eingesetzten Methode, in folgenden Phasen ab:

1. latente Unzufriedenheit ist vorhanden
2. Problembenennung
3. Kreativitätsworkshop
4. Ideenfindung
5. Lösungsdefinition
6. Umsetzung

Wichtig bei der Anwendung von Kreativitätstechniken ist die Einhaltung von drei goldenen Regeln,[75] sonst kann der Kreativitätsprozess nicht „zünden“:

1. Keine Kritik
2. Keine Hierarchie
3. Quantität vor Qualität

Hier einige Kurzbeschreibungen ausgewählter Kreativitätstechniken.

Brainstorming / Anonymes Brainstorming

Leicht einzusetzende Technik für einen Einstieg in einen Lösungsansatz. Zur Ideensammlung, Spontanabfragen etc.

1. Einführung - Erklärung der Methode (optional), Vorstellung des Themas, Zentralaussage des Themas visualisieren (Karten, Flipchart, Software…)

---

[73] vgl. [36] Seite 1
[74] vgl. [6] Seite 7
[75] vgl. [3] Seite 3

2. Ideensammlung - Alle Teilnehmer äußern spontan ihre Einfälle zum Thema, alle Beiträge werden gesammelt.

3. Auswertung, Sichten und Strukturieren der Beiträge, Diskussion und Auswahl der Ergebnisse

Brainwriting – Methode 6-3-5

6 Personen, 3 Ideen, 5 Minuten

Besonders für konkrete Probleme geeignet, es werden schnell Ideen zu Lösung generiert.

1. Der Moderator stellt das Thema vor. Jeder Teilnehmer erhält ein Blatt mit einer nicht ausgefüllten Tabelle, die aus drei Spalten und sechs Reihen besteht.

2. Jeder Teilnehmer schreibt zum Thema drei Ideen in den Spalten auf und reicht sein Blatt an den Nachbarn weiter. Dieser liest sich die Ideen seines Vorgängers durch und trägt seine Einfälle in einer der sechs Reihen ein. Dieser Vorgang wird fortgesetzt, bis alle Reihen gefüllt sind.

3. Alle Ideen werden den Teilnehmern vorgestellt und eine Auswahl getroffen.

Idee 1	**Idee 2**	**Idee 3**
...	...	...

Brainwriting Pool

Eine Abwandlung des Brainstormings in schriftlicher Form.

Der Moderator stellt das Thema vor. Alle Teilnehmer erhalten mehrere Blätter oder Moderationskarten, auf die sie ihre Gedanken zum Thema aufschreiben.

Fällt einem Teilnehmer nichts mehr ein, legt er seine Notizen in die Mitte auf den Tisch (Brainwriting Pool) und nimmt sich ein Blatt aus der Mitte, liest die Notizen und schreibt ggf. weitere eigene Notizen auf ein neues Blatt. Dieser Vorgang kann beliebig fortgeführt werden. Am Ende, wenn alle Teilnehmer keine neuen Ideen mehr einbringen, werden gemeinsam die besten Ideen herausgefiltert.

6 Hüte Methode

Dr. Edward de Bono hat versucht einzelne Perspektiven klar voneinander abzugrenzen und sie mit den Symbolen sechs verschiedenfarbiger Hüte gekennzeichnet:[76]

Der gelbe Hut

Die Dinge allein von ihrer positiven Seite sehen. Suchen Sie nach den Vorteilen. Bemühen Sie sich, die Idee zu unterstützen.

Der schwarze Hut

Steht für den Richter in Robe, den Kritiker, den Skeptiker. Welche Risiken und Schwierigkeiten können mit dem Vorschlag verbunden sein? Gibt es gesetzliche Bestimmungen, die der Umsetzung entgegenstehen? Wo sind die Schwächen des Konzeptes? Vergessen Sie nicht: Die schonungslose Betrachtung Ihres Problems steht im Vordergrund, nicht die Rücksichtnahme auf den Kollegen.

Der weiße Hut

Der Träger des weißen Hutes versucht, die Dinge sachlich und objektiv zu sehen. Sammeln Sie alle Fakten und Zahlen zur Problemstellung/Vorschlag.

[76] vgl. [11] Seite 73 ff.

Der rote Hut

Rot steht für Feuer und Wärme und soll die emotionale Seite symbolisieren.

Der grüne Hut

Üppiges Wachstum wie in der Natur und so sollen auch unter dem grünen Hut Ihre kreativen Gedanken sprießen.

Der blaue Hut

Der blaue Hut steht immer am Ende. Alle Punkte werden im Zusammenhang zusammen betrachtet.

Zu jedem Hut sollten Sie sich fünf bis zehn Minuten Zeit geben. Der Moderator legt die Reihenfolge der Hüte fest, in der sie nacheinander und gemeinsam in der Gruppe bearbeitet werden. Nacheinander werden die sechs Hüte „aufgesetzt“ und die Einfälle dokumentiert.

Nach dem blauen Hut beginnt der Ausleseprozess der besten Ideen.

Flip-Flop Technik

Menschen neigen dazu, alles negativ zu sehen, dies nutzt die Flip-Flop-Technik aus.

1. Präsentation der Aufgabenstellung und Problemdefinition (z. B. Kundenschwund). Ableitung der Umkehrung, bspw. „Wie können wir verhindern, dass mehr Kunden kommen?“

2. Ideen sammeln: Die Teilnehmer rufen dem Moderator ihre Ideen zu, der Moderator notiert die Einfälle auf Karten oder Flipchart. (z. B. Öffnungszeiten drastisch verkürzen)

3. Clustern und ausfiltern ungeeigneter Ideen. Selbstkritische Reflexion der Ergebnisse (Haben wir die falschen oder zu kurze Öffnungszeiten?)

4. Ableiten von Strategien aus den Ideen (z. B. Öffnungszeiten bis 22:00h verlängern).

Kartentechnik

Die Teilnehmer schreiben ihre Ideen auf Karteikarten und hängen sie sichtbar auf (z. B. auf eine Metaplanwand):

1. Vorbereitung von Karten, Metaplanwänden etc., ggf. farbige Karten zur inhaltlichen Abgrenzung.
2. Problemanalyse - Erörterung des Themas – Visualisierung des Problems
3. Ideensammlung - Jeder Teilnehmer schreibt seine Ideen zum Thema auf Karten.
4. Auswertung - Der Moderator nimmt die Karten, liest sie vor und hängt sie an die Stellwände, ggf. bereits thematisch/farblich sortiert (Cluster).

Mind-Mapping

Eine MindMap entsteht, wenn Ideen und Fakten nicht linear, sondern in grafischer Form festgehalten werden.

1. Thema definieren
2. Schlüsselwörter sammeln
3. Ausarbeitung: In die Mitte eines Plakates wird das Thema oder die Frage geschrieben. Die Teilnehmer nennen 2 oder 3 Hauptaspekte, die der Moderator auf dicke Äste schreibt. In beliebiger Reihenfolge nennen die Teilnehmer weitere Hauptaspekte oder Einzelpunkte und sagen, welchem Ast ein weiterer Zweig zugefügt werden soll.

Anschließend können zusammenhängende Punkte durch Pfeile oder Linien verdeutlicht werden.

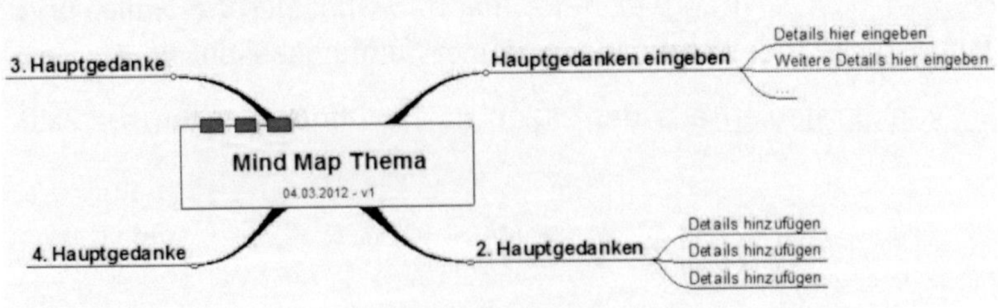

Morphologischer Kasten / Zwicky Kasten

Der morphologische Kasten geht auf Professor Fritz Zwicky von der Technischen Universität in Kalifornien zurück.

Die Methode beschreibt die wichtigsten Parameter eines Produktes, einer Tätigkeit oder einer Leistung, und ordnet sie in einem Koordinatensystem an, um die Beziehungen der einzelnen Variablen systematisch untersuchen zu können.

So entstehen in kurzer Zeit eine Reihe von Ideen mithilfe einer Matrix. Dieser morphologische Kasten ist die einfachste Form einer morphologischen Analyse.

Die beschreibenden Parameter eines Problems werden auf einer Achse erfasst. Die Varianten dieser Parameter werden auf der anderen Achse der Tabelle beschrieben. Aus der Kombination jeder Variablen in jeder Kolonne mit jeder Anderen entsteht eine große Anzahl unterschiedlicher Lösungsmöglichkeiten.

1. Darstellung der Problemstellung
2. Festlegen der wichtigsten Parameter
3. Auflisten der wesentlichen Variablen
4. Konstruktion einer Matrix mit den Parametern als Koordinaten
5. Erfassung der Varianten in die Matrix
6. Kombination und Untersuchung jeder Reihe auf neue mögliche Lösungen die als brauchbar erscheinen.

Beispiel: Neuentwicklung eines Mobiltelefons

Parameter: Material, Form, Bedienteil

Material	**Form**	**Bedienteil**
Glas	Eckig	Tastatur
Metall	Rund	Keine
Stein	Kugel	Stick
Holz		Sprache

Walt Disney Methode

Die Walt Disney Methode basiert auf dem Zusammenspiel von drei verschiedenen „Rollen“:

- der Träumer
- der Realist
- der Kritiker

Idealerweise sollten für die Rollen eigene Umgebungen (Räume) geschaffen werden, die die Rolle unterstützen. Auch ist es möglich, einen Raum in verschiedene Sektoren einzuteilen und entsprechend zu dekorieren.

Die Methode wurde von Walt Disney erfunden und vom ihm erfolgreich bei der Entwicklung von neuen Geschäftsideen verwendet.

3.3 Kreativitätsblockaden

Die vorgestellten Kreativitätstechniken können helfen, evtl. Kreativitätsblockaden, die häufig mit einer Teamdynamik einhergehen, zu lösen, um so zu guten Ergebnissen zu kommen. Kreativitätsblockaden sind u. a.:[77]

Weitere Blockaden:

- Sprechblockade
- Umweltbedingte Blockaden
- Intrinsische/extrinsische Blockaden
- Denkverbote
- Wahrnehmungsblockaden

[77] [11] Seite 23 ff.

4. KOMMUNIKATION IM PROJEKT

PM3: 1.18 Kommunikation

Erfolgreiche Projektarbeit basiert auf dem Austausch relevanter Informationen zur Erfüllung, der im Projektauftrag definierten (Kunden)-Anforderungen und ist damit im hohen Maß kommunikationsabhängig.[78]

Kommunikation kann sowohl verbal (Sprache, Schrift), als auch nonverbal (Gestik, Mimik) vorkommen.

4.1 Definition

Kommunikation: Lateinisch *communicare* bedeutet „teilen, mitteilen, teilnehmen lassen; gemeinsam machen, vereinigen“ (Quelle Duden Fremdwörterbuch).

Verständigung untereinander, zwischenmenschlicher Verkehr, insbesondere mithilfe von Sprache und Zeichen.[79]

4.2 Kommunikationsmodelle

4.2.1 SENDER-EMPFÄNGER-MODELL

Kommunikation zwischen Menschen ist komplex und anfällig für Störungen. Ein Versuch der Erklärung ist das Sender-Empfänger-Modell. Der Sender einer Nachricht codiert diese, der Empfänger muss die Nachricht wieder decodieren („Die Nachricht entsteht beim Empfänger“).

Das sogenannte Vier-Ohren-Modell von Schulz von Thun teilt den Informationsgehalt einer Nachricht in vier Anteile auf.[80]

1. Der *Sachinhalt* beinhaltet die reinen, eindeutigen Sachaussagen, Daten und Fakten.
2. Der *Appell* beinhaltet eine Handlungsaufforderung.

[78] vgl. [59] Seite 70
[79] vgl. [18]
[80] vgl. [35] Seite 31ff.

3. Die *Beziehung* drückt das Verhältnis zwischen Sender und Empfänger aus. Dies kann bewusst oder unbewusst geschehen.
4. In der *Selbstoffenbarung* vermittelt der Sprecher etwas über sein grundlegendes Selbstverständnis, seine Motive, Werte, Emotionen etc.

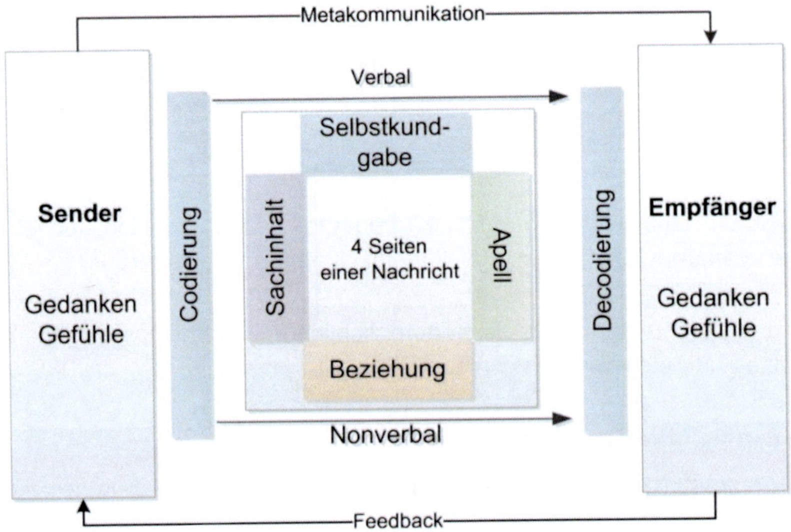

Abbildung 72: Sender-Empfängermodell

Bei der Kommunikation, insbesondere bei der Decodierung, treten oftmals Kommunikationsstörungen auf. Konrad Lorenz formuliert so:[81]

- „Gedacht" ist nicht gesagt ...
- „Gesagt" ist nicht gehört ...
- „Gehört" ist nicht verstanden ...
- „Verstanden" ist nicht einverstanden.
- „Einverstanden" ist nicht gekonnt ...
- „Gekonnt" ist nicht getan ...
- „Getan" ist nicht behalten ...
- „Behalten" ist nicht beibehalten ...

[81] in Anl. an Konrad Lorenz (1903-89), österreichischer Verhaltensforscher

4.2.2 EISBERGMODELL

Das Eisberg-Modell geht auf Sigmund Freud zurück und ist Teil seiner allgemeinen Theorie der Persönlichkeit.

Wie ein Eisberg ist demnach das menschliche Bewusstsein nur zu ca. 20% sichtbar, die anderen 80% liegen „unter Wasser", haben jedoch einen großen Einfluss auf unsere Entscheidungen.

Abbildung 73: Eisbergmodell, angelehnt an S. Freud

4.2.3 JOHARI-FENSTER

Eine wichtige Form von Kommunikation ist das Feedback. Der Empfänger öffnet sich dem Feedback des Senders.[82] Das Johari-Fenster, benannt nach Joe Luft und Harry Ingham[83], zeigt die Wirkung von Feedback. Ziel von Feedback ist es, den blinden Fleck zu verkleinern.

[82] vgl. [20] Seite 16

[83] vgl. [35] Seite 28ff.

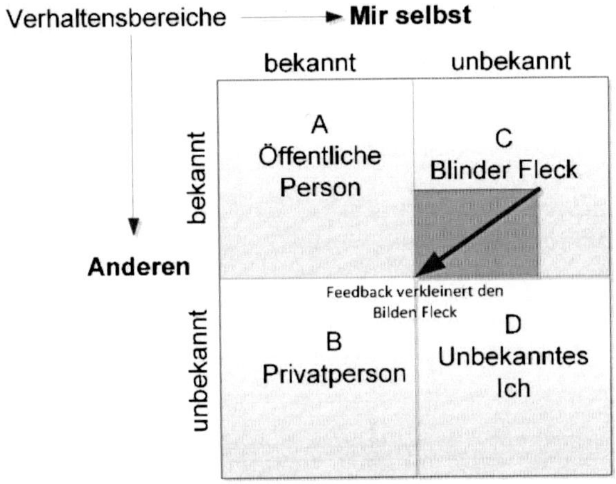

Abbildung 74: Johari-Fenster

Öffentliche Person

In diesem Bereich ist mir selbst und Anderen alles bekannt: Mitglied in einem Sportverein.

Privatperson

Dieser Bereich ist nur mir selbst bekannt, Anderen kann ich durch Mitteilung diesen Bereich zugänglich machen: Vorlieben zu Urlaubszielen.

Blinder Fleck

Mir selbst nicht, jedoch Anderen bekannt. Hier setzt das Feedback an: Wiederkehrende Phrasen „meine Meinung".

Unbekanntes Ich

Mir selbst und Anderen unbekannt – Unbewusstes: „Jekill & Hyde" Prinzip.

4.2.4 FEEDBACK[84]

Feedback kann den „Blinden Fleck" verkleinern. Feedback sollte jedoch nur unter Beachtung der folgenden Regeln gegeben und genommen werden, hierdurch wird die Wirkung und Akzeptanz erhöht:

---

[84] vgl. [35] Seite 87f.

- Beschreibend, nicht bewertend
- Konkret nicht allgemein
- Erbeten bzw. erwünscht
- Klar und genau formuliert
- Rechtzeitig
- angemessen
- Nachprüfbar

Der Feedbacknehmer sollte nicht argumentieren oder sich rechtfertigen, sondern lediglich zuhören und ggf. nachfragen. Andernfalls ist die Gefahr groß, dass der Feedbackgeber sich zurückzieht, da er sich in einer Rechtfertigungsposition wiederfindet. Die einzige Antwort auf ein Feedback lautet daher: „DANKE“.

4.3 Projektkommunikation

Zur zielgerichteten Kommunikation im Projekt gehören u. a. eine regelmäßige Berichterstattung und die Verteilung von Informationen. Eine gut strukturierte Projektablage sowie Kommunikationsmatrix ist hier hilfreich.[85] Das Dokumentenmanagement liefert hier die notwendige Hilfestellung, in dem die Dokumente gekennzeichnet, registriert, aufbereitet und - vielleicht der wichtigste Aspekt - wiedergefunden werden.

Instrumente für die Projektkommunikation sind Newsletter, Schwarzes Brett, E-Mails, Internetauftritte, persönliche Gespräche, Infoveranstaltungen und vieles mehr.

Auf der Folgeseite sehen sie ein Beispiel für eine Informationsmatrix zur strukturierten Planung der Informationsverteilung.

[85] vgl. [30] Seite 32ff.

4.3.1 PRAXISBEISPIEL - KOMMUNIKATIONSMATRIX

SunOrganizer

Informationsmatrix

Legende:
e = erstellt
v = verantwortlich

Information	Update-Zyklus	Funktion / Mitarbeiter / Tool	Projektteam intern: Mitarbeiter MA	MAK	Mae	PL	externe Projekt-Gremien: Lenkungs-Ausschuss	Sonstige: GF	Ausrüster	Bank	Piloten
Projektinformationen											
Projektantrag/-auftrag	einmalig	MS-Word				e/v	i	e			
Anlagen zum Projektantrag	einmalig	MS-Word				e/v	i	i			
Projekt-Organigramm	bei Änderung	MS-Visio	i	i	i	e/v					
Projekthandbuch	einmalig	Word	i	i	i	e/v	i	i			
Newsletter	14-täglich	Acrobat	i	e	i	v/i	i	i	i		i
Projektplanung											
Strukturplan	einmalig	MS-Visio	i			e/v	i	i			
Arbeitspaket-Beschreibungen	einmalig	MS-Word	i	i	i	e/v					
Phasen und Meilensteinplanung	1xMonat	MS-Project	i	i	i	e/v	i			i	
Projektstatusberichte											
Statusbericht	1xMonat	MS-Word	i	i	i	e/v	i	i			
Risikobericht	1xMonat	MS-Word	i	i	i	e/v	i	i			
Protokolle											
Teammeeting Protokolle	1xWoche	MS-Word	e/i	i	i	v					
Lenkungsausschuss Protokolle	1xMonat	MS-Word				e/v	i				
Reviewberichte	gem. Review-Plan	MS-Word				i	i				
Meetings											
Projekt-Statusmeeting	14-täglich		e	e	e	v	i	i			
Teammeeting	1xWoche		e	e	e	v					
Pilotentreffen	1xQuartal					v		i			i
Information Pilotierungsfortschritt	bei Bedarf					v		i			i
Stand-Up Meetings	täglich		i		i	v					

Tabelle 40: Informationsmatrix

5. MOTIVATION

PM3: 2.02 Motivation und Engagement

5.1 Definitionen

Motivation ist die "Summe der in einer Handlung wirksamen Motive" [86]

5.2 Motivationstheorien

Generell können extrinsische und intrinsische Motivation unterschieden werden.

Extrinsische Motivation

Eine Handlung ist durch ein zukünftiges Ziel, welches durch die Handlung erreicht werden soll, motiviert; die Handlung ist Mittel zum Zweck (Bsp.: Jemand übt Radfahren, um bei einen Wettbewerb erfolgreich zu sein).

Intrinsische Motivation

Die Befriedigung eines Bedürfnisses oder einfach Freude, stellt sich bei dem Ausführen der Handlung selbst ein; die Handlung selbst wird als befriedigend empfunden und ist Selbstzweck (Bsp.: Jemand fährt Rad ohne Ambitionen - aus reiner Leidenschaft).

5.2.1 BEDÜRFNISPYRAMIDE (NACH MASLOW)

Abb. 3: Maslowsche Bedürfnispyramide

[86] vgl. [9] Seite 224

Von unten nach oben aufsteigend, werden folgende Stufen in der Bedürfnispyramide benannt:[87]

1. Grundbedürfnisse (z. B. Nahrung und Schlaf)
2. Sicherheitsbedürfnisse (z. B. sicherer Wohnraum, finanzielle Sicherheit)
3. Soziale Bedürfnisse (z. B. Kommunikation, Familie, Zugehörigkeit, Liebe)
4. Ich-Bedürfnisse (z. B. Wertschätzung und Anerkennung)
5. Bedürfnisse nach Selbstverwirklichung (z. B. Kunst, Religion, Philosophie usw.)

Die ersten drei Stufen zählt Maslow zu den Defizit-Bedürfnissen, die obersten zwei Stufen zu den Wachstums-Bedürfnissen.

5.2.2 ZWEI FAKTOREN THEORIE

Aufbauend auf den Studien von Maslow, entwickelte Herzberg die „Zwei Faktoren Theorie“ und unterscheidet darin sogenannte Motivatoren und Hygienefaktoren:[88]

Die Hygienefaktoren als extrinsische Faktoren beschreiben das Arbeitsumfeld. Die Motivatoren als intrinsische Faktoren, sind durch Sinn und Inhalt der Arbeit bestimmt.

Werden die Hygienefaktoren erfüllt, sinkt die Unzufriedenheit mit der Arbeitssituation (Vorhandensein von Qualitätswerkzeug). Werden Elemente der Motivatoren erfüllt, steigt die Arbeitszufriedenheit (Freiräume werden gewährt). Hier ergibt sich der Bezug zu Maslows Defizit- und Wachstumsbedürfnissen.

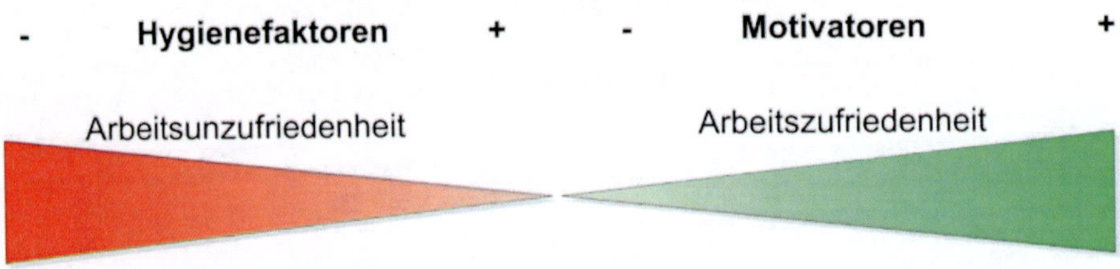

Abb. 4: Zwei Faktoren Theorie von Herzberg

5.2.3 MOTIVATIONSINSTRUMENTE

[87] vgl. [39]
[88] vgl. [9] Seite 225f.

Extrinsische Mitarbeitermotivation kann durch verschiedene Strategien erfolgen. Reinhard Sprenger definiert dazu folgende Strategien:[89]

- Zwang
- Ködern
- Verführung
- Vision

Diese Strategien können konkret durch die fünf B's der Motivation unterstützt werden:

- Bedrohen - Kündigung androhen
- Bestrafen - Strafversetzung
- Belohnen - Prämien
- Belobigen - Lobhudelei, Schmeichelei
- Bestechen - Incentives

Alle vorgenannten Methoden sind jedoch extrinsisch, manipulativ und nicht nachhaltig und führen langfristig zu Demotivation der Mitarbeiter. Führung über Bedrohung und Bestrafung kann temporär ein Mittel sein, wenn andere Ansätze wie der Appell an die Verantwortung der Person oder die positiven Konsequenzen einer Veränderung, zu keinem Ergebnis führen. Dauerhaft ist die Führung über Angst und Druck jedoch keine Alternative und führt zu unerwünschten Resultaten wie innere Kündigung, Kündigung, erhöhtem Krankenstand und Vermeidungsstrategien, um nicht „erwischt" zu werden.

5.3 Motivation und Führung

Zur Erhöhung der Arbeitszufriedenheit können auch folgende Maßnahmen ergriffen werden:[90]

1. Job Enlagement – Arbeitserweiterung
   Bildung von Gesamtaufgaben im Arbeitsprozess
2. Job Rotation – Arbeitsplatzwechsel
   Wechsel der Aufgaben, um Monotonie zu vermeiden.
3. Job Enrichment – Arbeitsbereicherung
   Erhöhung der Verantwortung – quantitativer Aufwertung der Stelle

[89] vgl. [56] 54ff.
[90] vgl. [62] Seite 133

4. Bildung autonomer Arbeitsgruppen
   Gruppenbildung mit großer selbstständiger Entscheidungsbefugnis

6. VERHANDLUNGEN

PM3: 2.11 Verhandlungen

6.1 Vorgehen

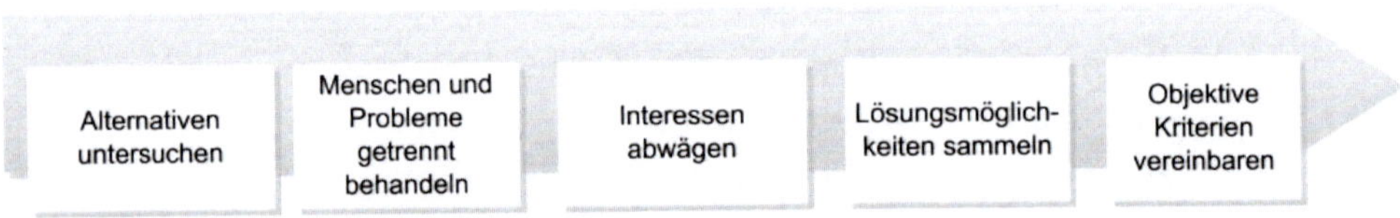

Ein Patentrezept für die Verhandlungsführung mit Erfolgsgarantie gibt es nicht. Jedoch können in der Praxis bewährte Konzepte die Erfolgswahrscheinlichkeit von Verhandlungen erhöhen.

6.2 Das Harvard-Konzept

Das Harvard-Konzept ist eine Methode der sachbezogenen Verhandlungsführung. Es beruht auf einem Projekt der Harvard Universität.

Das Harvard-Konzept empfiehlt beim Verhandeln die Anwendung von vier Prinzipien:[91]

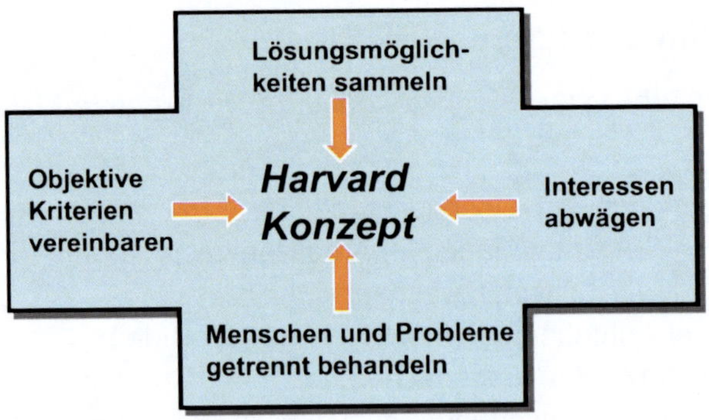

Abbildung 75: Harvard-Konzept

[91] vgl. [21] Seite 43 ff.

Vor der Verhandlung ist zu prüfen, ob eine Verhandlung überhaupt erfolgreich durchgeführt werden kann. Hierzu sind die Alternativen zu untersuchen:

- Nicht-Verhandeln als attraktivere Alternative zum Verhandeln: Einschätzen der Erfolgswahrscheinlichkeit des Verhandelns
- Einschätzen, ob der Verhandlungspartner alternative Positionen einnehmen/ alternative Handlungen ausführen darf und will.

Diese Verhandlungsstrategie wird auch BANTA genannt: Best alternative to negotiated agreement.

Wird beschlossen Verhandlungen aufzunehmen, schlägt das Harvard Konzept ein 4-stufiges Vorgehen vor. Bei der Betrachtung der verschiedenen Optionen kann das folgende Kreisdiagramm eine Hilfestellung zur Entwicklung guter Ideen geben:

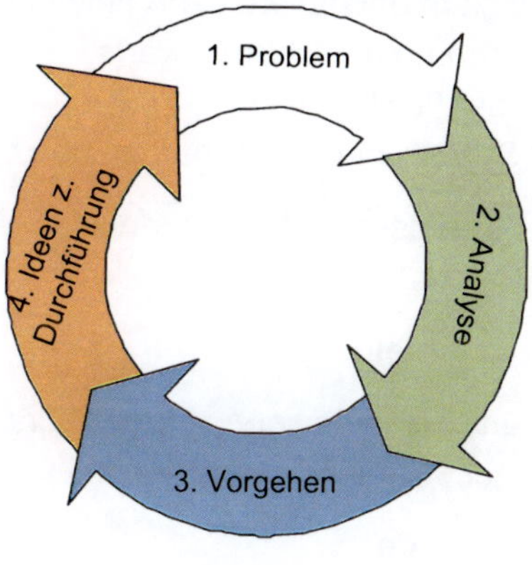

Abbildung 76: Harvard Kreisdiagramm[92]

[92] Angelehnt an [21] Seite 106]

1. Menschen und Probleme getrennt behandeln

Die Beziehungsebene muss die Sachebene tragen, daher sollten die Verhandlungspartner die auf der Beziehungsebene ausgesendeten Signale des jeweils anderen wahrnehmen und darauf eingehen. Wichtig für die Beziehung zum Anderen sind ein aktives Zuhören und ein fairer Umgang miteinander.

„Gehen Sie das Problem an – und nicht den Menschen“[93]. Der Verhandlungspartner verdient Respekt, was jedoch nicht bedeutet, seine Sachziele aus den Augen zu verlieren.

2. Interessen abwägen

Ermitteln von Interessen und Bedürfnissen:

- Die eigenen Interessen deutlich machen.
- Die Interessen der Anderen als Teil des Problems anerkennen.
- Erst das Problem darstellen, dann antworten.
- Nach vorne schauen, nicht rückwärts.
- Bestimmt, aber flexibel sein.
- Hart in der Sache sein, aber sanft zu den beteiligten Menschen.

Auch bei der Ermittlung von Interessen und Bedürfnissen ist aktives Zuhören ein nicht zu unterschätzender Erfolgsfaktor.

3. Lösungsmöglichkeiten sammeln

Entwickeln von Optionen zum beiderseitigen Vorteil (Win/ Win) und damit Lösungen zu finden, die für beide Partner vorteilhaft sind.

4. Objektive Kriterien vereinbaren

Entwickeln Sie faire Kriterien für eine Einigung, an die sich beide Parteien halten wollen und müssen.

[93] vgl. [21] Seite 69

7. FÜHRUNG

PM3: 2.01 Führung

Führung soll steuernd und richtungsweisend auf das Verhalten von anderen Menschen einwirken, um eine Zielvorstellung zu verwirklichen. Objekte der Führung sind einzelne Personen oder Gruppen.

Dabei ist zu beachten, dass Führen und Folgen einander bedingen: Niemand kann geführt werden kann, der nicht folgen will oder „Den Führenden erkennt man am Folgenden".

7.1 Definition

Führung

Die Essenz aller Definitionen zum Thema Führung lässt sich folgendermaßen zusammenfassen:

Führung ist zielbezogene Beeinflussung.[94]

Management

Planung, Organisation, Führung und Kontrolle in einer Organisation.

Management vs. Führung

Warren Bennis (Wirtschaftswissenschaftler) formulierte so: "Management is making people doing things right, leadership is making people doing the right things."[95] Frei übersetzt:

Management sorgt dafür, dass die Dinge richtig gemacht werden, Führung, dass die richtigen Dinge gemacht werden.

---

[94] vgl. [49] und [52] Seite 4.
[95] in [58]

7.2 Führungsstile

Eine Übersicht über verschiedene Führungsstile findet sich bei Tannenbaum & Schmidt [96]

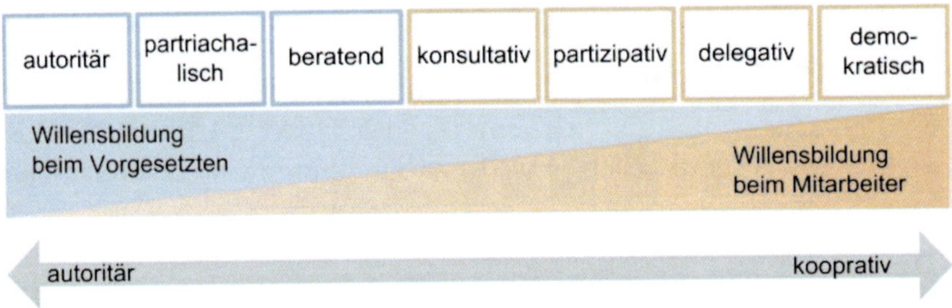

Abbildung 77: Führungsstile nach Tannenbaum & Schmidt

Führungsstil	Gekennzeichnet durch[97]
Autoritär	Entscheidung ohne Konsultation der Mitarbeiter
Patriarchalischer	Der Projektleiter entscheidet, versucht den Mitarbeiter jedoch von einer Anordnung zu überzeugen.
Beratend	Der Projektleiter erklärt seine Motivation und Ziele - lässt Fragen zu - der Projektleiter entscheidet.
Konsultativ	Der Projektleiter entscheidet, diskutiert vor der Entscheidung mit den Teammitgliedern.
Partizipativ	Aktive Einbeziehung des Teams in die Entscheidungsfindung. Der Projektleiter entscheidet gemeinsam mit dem Team.
Delegativ	Der Projektleiter delegiert die Entscheidung an das Team, das die Alternativen diskutiert und dann gemeinsam entscheidet.
Demokratisch	Das Team identifiziert eigenständig Probleme und entscheidet autonom. Der Projektleiter koordiniert nach innen und außen.

Tabelle 41: Führungsstile

[96] vgl. [51] Seite 33f.
[97] vgl. [58] Seite 270

7.3 Situative Führung

Die Führung in Projekten wird je nach Projekt-Phase und in Abhängigkeit der Mitarbeiter (Ausbildung, Motivation etc.) angepasst werden müssen. Hersey und Blanchard[98] machen dies am Reifegrad des Mitarbeiters fest. Dieses Modell kann als Leitlinie für die Projektarbeit dienen:

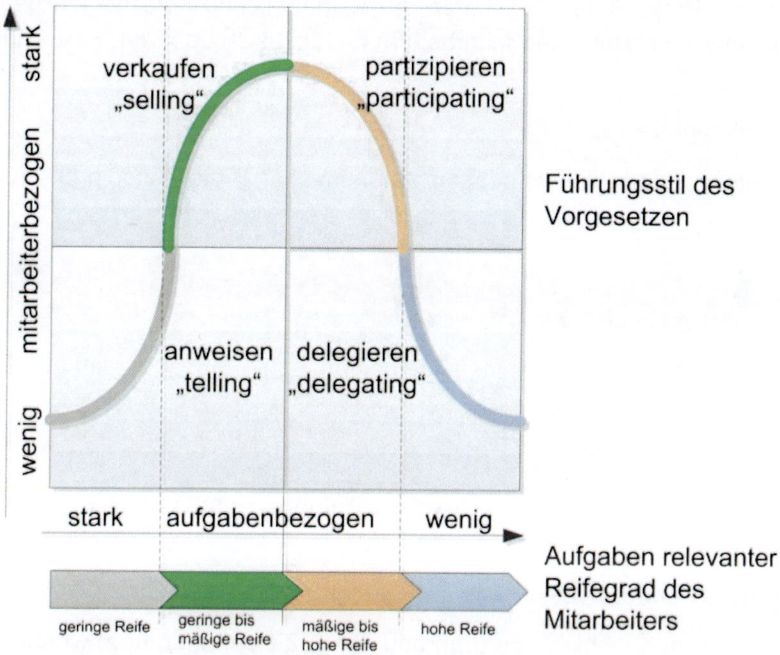

Abbildung 78: Situative Führung nach Hersey und Blanchard[99]

Aus diesem Modell ergeben sich folgende Führungsstile:

telling-anweisen

Der Projektleiter weist den Mitarbeiter Aufgaben zu und kontrolliert die Umsetzung.

[98] vgl. [52] Seite 19

[99] ebenda

selling-verkaufen

Der Projektleiter diskutiert mit dem Mitarbeiter die Aufgaben, ggf. wird eine Anpassung vorgenommen, und kontrolliert die Umsetzung.

participating-partizipieren

Mitarbeiter und Projektleiter diskutieren die Aufgaben und entscheiden gemeinsam. Der Projektleiter unterstützt den Mitarbeiter und lässt sich über den Fortschritt berichten.

delegating-delegieren

Die Mitarbeiter arbeiten weitestgehend autonom, der Projektleiter greift nur bei Abweichungen ein.

7.4 Führungstechniken[100]

Unter Führungstechnik werden im allgemeinen sog. „Management by" Techniken verstanden. Dies sind u.a.:

Management by Delegation

Bei der Führung durch Delegation werden Aufgaben und Verantwortung an einen Mitarbeiter abgegeben.

Management by Objektives

Beim Management by Objectives (Führung durch Zielvereinbarung) werden die Ziele in partnerschaftlicher Zusammenarbeit zwischen Führungskraft und Mitarbeitern vereinbart.

Management by Exception

Bei dieser Führung nach dem Ausnahmeprinzip liegen Routineentscheidungen generell in den Händen der Mitarbeiter. Die Führungskraft greift nur bei außerordentlichen Entscheidungen oder bei Abweichungen ein.

---

[100] vgl. [32] Seite 212 f. und [62] Seite 139f.

8. KONFLIKTE

PM3: 2.12a Konflikte
PM3: 2.12b Krisen-Projektkrisen

8.1 Definitionen

Konflikt

Eine allgemeingültige Definition des Konfliktbegriffes ist in der Literatur nicht zu finden. Selbst bei Glasl[101] und Schwarz[102] findet sich keine eindeutige Definition.

In der Psychologie werden Konflikte als „Gegensätzlichkeit oder Unvereinbarkeit zweier oder mehrerer Elemente" definiert. Hervorgerufen werden Sie meist durch „unterschiedliche Verhaltensweisen und Handlungen".[103]

Konflikte sind in der Projektarbeit allgegenwärtig und gehören zum Tagesgeschäft eines Projektleiters. Konflikte sind sowohl Risiko als auch Chance in einem Projekt. Werden Konflikte bewusst verarbeitet, ergeben sich aus ihnen Erfahrungen und darüber hinaus ggf. positive Potenziale für die weitere Arbeit.

Konfliktbehandlung

Alle im Projektteam auftretenden Konflikte sollen auch im Projektteam gelöst werden.

Im Konfliktfall suchen die Betroffenen gemeinsam nach einem Ausgleich. Sofern es den Konfliktbeteiligten nicht möglich ist, ihre Auseinandersetzung selbst zu lösen, wird ein Moderator eingeschaltet. Es ist die Aufgabe des Projektleiters, frühzeitig zu erkennen, wann und ob ggf. ein externer Moderator einzusetzen ist.

8.2 Konfliktarten

In Projekten treten verschiedene Konflikte auf. Oft anzutreffen sind folgende Konfliktarten:[104]

- Ziel- und Richtungskonflikte
  „Möglichst schnell und günstig fertig werden" vs. „alle Testfälle durchführen".

[101] vgl. [26] Seite 13ff.
[102] vgl. [50] Seite 15ff.
[103] vgl. [15] Seite 150
[104] vgl. [53] Seite 18ff.

- Wahrnehmungs- und Beurteilungskonflikte
  „Das Projekt ist in Time, in Budget“ vs. „Viele Änderungen durch den Auftraggeber“.
- Rollen- und Erwartungskonflikte
  „Die Mitarbeiter sollen selbstständig arbeiten“ vs. „Ich erwarte klare Anweisungen, was ich tun soll“.
- Besitz- und Verteilungskonflikte
  „Ich brauche das Testlabor für die kommende Woche exklusiv“ vs. „wir auch“.
- Veränderungs- und Sicherheitskonflikte
  „Heute soll ich Fachkonzepte erstellen, morgen testen – was denn nun?“
- Beziehungs- und Statuskonflikte
  „Keiner sagt mir etwas!“, „Ich bin hier der Projektleiter!“

Glasl zeigt, wie sich Konflikte entwickeln können, wenn nicht früh genug und rechtzeitig insistiert wird und welche Problemlösungsmöglichkeiten potenziell angewendet werden sollen/können.

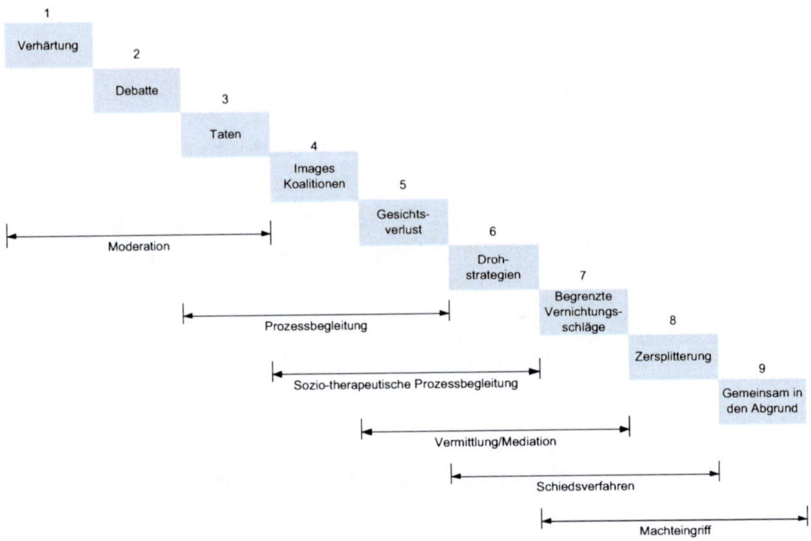

Abbildung 79: Phasenmodell der Konflikteskalation[105]

[105] vgl. [26] Seite 233ff.

8.3 Konfliktstile[106]

Bei jedem Konflikt muss entschieden werden, wie der Konflikt gelöst werden kann. Beachtet man dabei die Bedürfnisse Anderer und die eigenen Bedürfnisse, können folgende Grundmuster der Konfliktbegegnung in Konfliktstile eingeteilt werden:

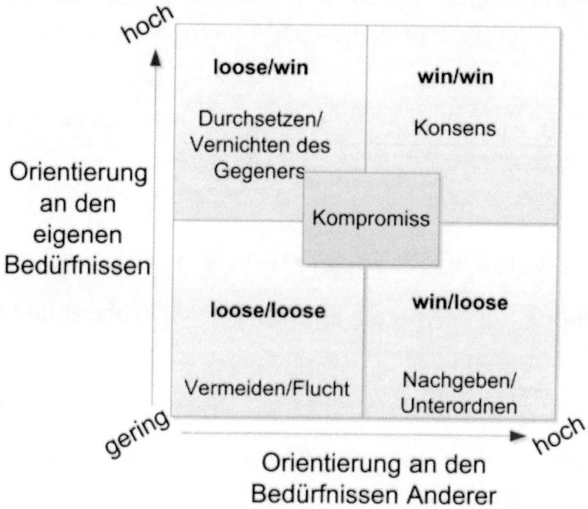

Abbildung 80: Konfliktstile

Vermeiden/Flucht

Der Konflikt wird nicht gelöst, sondern es werden Vermeidungsstrategien entwickelt. Der Konflikt bleibt latent bestehen und kann wieder aufleben.

Durchsetzen/Vernichtung des Gegners

Ein Konflikt, der nicht durch Flucht gelöst werden kann, zwingt die Beteiligten zum

Kampf.[107]

Das Durchsetzen der eigenen Interessen findet oft durch Machteinsatz statt und beinhaltet die Gefahr von Folgekonflikten.

Nachgeben/Unterordnen

Auch hier wird der Konflikt wird nicht gelöst, sondern durch Unterordnung eines Betei-

---

[106] vgl. [54] Seite 210ff., [50] Seite 277, [25] Seite 1014
[107] vgl. [53] Seite 281

ligten „scheinbar" gelöst. Auf Dauer wird diese Lösung nicht bestehen können und der Konflikt lebt wieder auf.

Kompromiss
Beim Kompromiss einigen sich die Parteien über eine Lösung, die von beiden, zumindest auf Sachebene, tragbar ist. Oft wird auch, beim Ausklammern wichtiger strittiger Themen, vom „faulen" Kompromiss gesprochen.

Konsens
Beim Konsens werden alle Anliegen der Beteiligten in die Lösung integriert, sodass eine WIN-WIN Situation entsteht.

8.4 Vorgehensweise bei kooperativer Konfliktlösung

Eine bewährte Methode zur kooperativen Konfliktlösung bietet das Modell der Mediation:[108]

Phase 1: Einstieg

Schaffung eines sicheren Rahmens (Verfahren klären, Vertraulichkeit, Rollen, Spielregeln, Abfragen von Erwartungen).

Phase 2: Ist-Analyse

Standpunkte aller Parteien ermitteln. Ziel ist es, eine transparente Darstellung des Sachverhaltes, des Problems und des Konfliktpotenzials zu erhalten. Zur Förderung des gegenseitigen Verständnisses sollte jede Partei den Standpunkt der anderen Seite erfahren: Was benötigt die andere Seite? Wo könnte eine Annäherung aussehen?

Phase 4: Lösungsansatz

Erarbeiten von Lösungsmöglichkeiten, bspw. in Kleingruppen. Die Ergebnisse werden im Plenum diskutiert, ein Lösungsweg festgelegt und schriftlich fixiert.

Phase 3: Erfolgssicherung

Umsetzen und Kontrolle der Wirksamkeit der Lösung.

[108] vgl. [5] Seit 167 ff.

8.5 Gewaltfreie Kommunikation

Ein weiteres Konzept, um Konflikte zu entschärfen, beschreibt Marshall B. Rosenberg als „Gewaltfreie Kommunikation - GFK“. Die Grundlage der GFK bilden die vier Komponenten:[109]

1. **Beobachtung**
   Welche Situation liegt vor – ohne Bewertung durch uns:
   Mitarbeiter kommt oft zu spät zum Meeting.
2. **Gefühle**
   Aussprechen was WIR/ICH fühlen – sind wir irritiert, ängstlich, froh:
   „Paul, es ärgert mich, wenn Du zu spät zu den Besprechungen kommst.“
3. **Bedürfnisse**
   Formulieren, welche Bedürfnisse hinter den Gefühlen stehen:
   „Paul, es ärgert mich, wenn Du zu spät zu den Besprechungen kommst, weil ich dann das Gesagte noch einmal wiederholen muss.“
4. **Bitten**
   Eine Bitte zur Verhaltensanpassung formulieren:
   „Ich möchte, dass Du pünktlich bist.“

In der GFK werden keine Vorwürfe, sondern Gefühle und Erwartungen geäußert, ohne den Anderen zu verletzen.

8.6 Projektbeispiel - Konflikte

Spielregeln

In unserem Fallbeispiel wurden mit dem Projektteam folgende Spielregeln zum Umgang mit Konflikten verbindlich vereinbart:

- Konflikte werden offen und ohne den Anderen persönlich anzugreifen, ausgetragen.
- Aussagen werden so getroffen, dass kein Mitarbeiter in seiner Persönlichkeit herabgewürdigt wird.
- Probleme, fachliche und personelle, werden offen angesprochen.
- Der Projektleiter fordert die Mitarbeiter zum permanenten Feedback und Nachfragen auf.

[109] vgl. [47] Seite 25.f. und [48] Seite 34ff.

9. PROJEKTMANAGEMENT IM UNTERNEHMEN

PM3: 3.00 PM- und Unternehmensstrategie
PM3: 3.01 Projektorientierung
PM3: 3.06 Geschäft

Projektmanagement ohne Unterstützung der Linie ist nur in Ausnahmefällen erfolgreich. Eine Unterstützung durch die Linie ist daher unerlässlich. Gleichzeitig ist ein Projekt kein Selbstzweck und sollte die Unternehmensziele unterstützen.

Während Routineaufgaben vornehmlich in der Linie ausgeführt werden, gehen immer mehr Unternehmen dazu über, innovative Aufgaben als Projekt durchzuführen.

9.1 Definition

Projektorientierung

„Auf die Leistungserbringung in Form von Projekten ausgerichtetes Denken und Handeln, das durch spezifische Merkmale gekennzeichnet ist und sich in entsprechenden Einrichtungen und Maßnahmen des strategischen und operativen Projekt-, Programm- und Portfoliomanagements ausdrückt.“[110]

Programm

Ein Programm setzt sich aus Projekten zusammen, die ein gemeinsames Ziel verfolgen. Ein Programm ist zeitlich begrenzt.[111]

Projektportfolio

„Ein Projektportfolio kann gleichartige Projekte und Programme, aber auch unterschiedlich geartete, interne und externe, komplexe und solche mit begrenzter Komplexität und ggf. (innerhalb von Programmen) auch sonstige (nicht »projektwürdige«) Aufgaben beinhalten.“[112]

9.2 Projektorientierte Unternehmen

Ein projektorientiertes Unternehmen ist gekennzeichnet durch folgende Merkmale:

- Die Projektleiter sind fachlicher und ggf. disziplinarischer Vorgesetzter

[110] vgl. [40] Seite 169
[111] vgl. [38] Seite 23, 72ff.
[112] vgl. [40] Seite 170

- Projekte sind als Linieneinheit im Unternehmen etabliert
- Eine Integration von Programm- und Portfoliomanagement ist eingerichtet
- Der Aufbau von Projekt-Netzwerken wird gefördert

9.3 Boston Consulting Matrix

Von der Boston Consulting Group wurde eine Matrix entwickelt, die zur Bewertung und Vorbereitung von strategischen Entscheidungen zum Einsatz kommt. Anhand des relativen Marktanteils und des prozentualen Marktwachstum werden Produkte bewertet und damit die Entscheidung für oder gegen ein Produkt/Projekt vorbereitet.[113]

Abbildung 81: Boston Consulting Matrix

Je nach Position bzw. Entwicklungstendenz gibt es verschiedene „Normstrategien“:

Question Mark	Ausbau des Marktanteils
Star	Ausbau des Marktanteils
Cash Cow	Halten des Marktanteils oder Abschöpfen/Reduzieren bei schlechten Prognosen
Poor Dog	Rückzug aus dem Geschäft

[113] vgl. [2] Seite 100

10. ERGEBNISORIENTIERUNG

PM3: 2.08 Ergebnisorientierung

10.1 Definition

„Ergebnisse können in Projektergebnisse, Kundenergebnisse, Mitarbeiterergebnisse und auf andere betroffene interessierte Parteien bezogene Ergebnisse unterteilt werden."[114]

10.2 Sichtweisen

Aus der Definition ergeben sich die verschiedenen Sichtweisen auf das Projektergebnis.

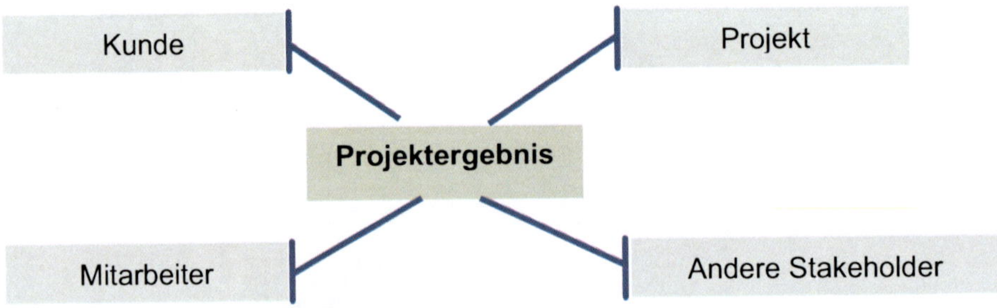

Allein eine Fokussierung auf das formale Ergebnis hilft in der Praxis nicht, ein hervorragendes Ergebnis zu erzielen. Daher ist die Ergebnisorientierung i. S. des Projekterfolges zu sehen: Einhaltung des „Magischen Dreiecks" und Zufriedenheit der wichtigsten Stakeholder. Daraus ergeben sich spezifische Anforderungen an den Projektleiter.

10.3 Anforderungen an den Projektleiter

Ergebnisorientierte Projektleiter achten, neben Qualität und Quantität auch darauf, dass Lieferzeitpunkt und Meilensteine festgesetzt und eingehalten werden. Ein zusätzlich wichtiger Punkt ist, dass der Projektleiter die Leistungsorientierung selbst vorlebt, um eben diese bei seinen Projektmitarbeitern zu erreichen. Weitere wünschenswerte Eigenschaften des Projektleiters:

---

[114] vgl. [25] Seite 911]

- Risiko- und Chancen bewusst
- Behält den Überblick
- Aktives Management
- Bildet die Schnittstelle zwischen Team und Auftraggeber
- Kommunikativ
- Lösungsorientiert
- Konflikterfahren.
- Unternehmerisches Denken
- Zielorientiert

10.4 Aspekte der Ergebnisorientierung

Um das Ziel und somit das Projekt-Ergebnis nicht aus den Augen zu verlieren, wird die Ergebnisorientierung von weiteren PM-Disziplinen unterstützt, dies sind u. a.:

- Anforderungsmanagement
- Konfigurations- und Änderungsmanagement
- Vertragsmanagement
- Controlling

Im Controlling kann als wertvolles Instrument die Balanced Score Card (BSC) eingesetzt werden. Die Grundelemente sind in der folgenden Grafik aufgeführt und unterstützen die Sicht auf das Projektergebnis:

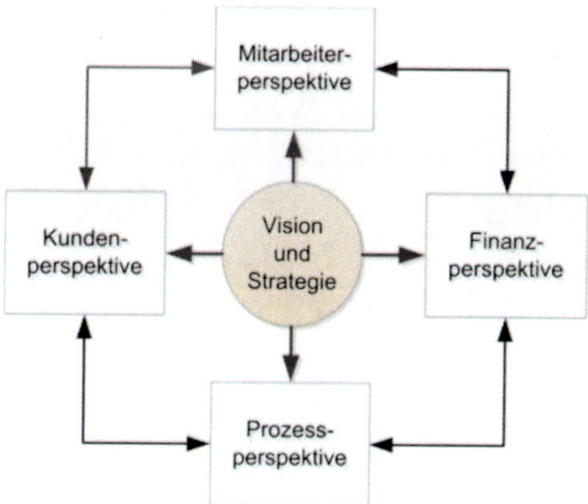

Abbildung 82: Balanced Score Card[115]

[115] Angelehnt an [61] Seite23

11. MORAL UND ETHIK

PM3: 2.15 Ethik

Moral

ist definiert als „sittliche Grundsätze des Verhaltens".[116]

Ethik

„Sittlich-moralisches, sozialkompetentes, wertorientiertes und verantwortungsbewusstes Verhalten und Handeln…" [117].

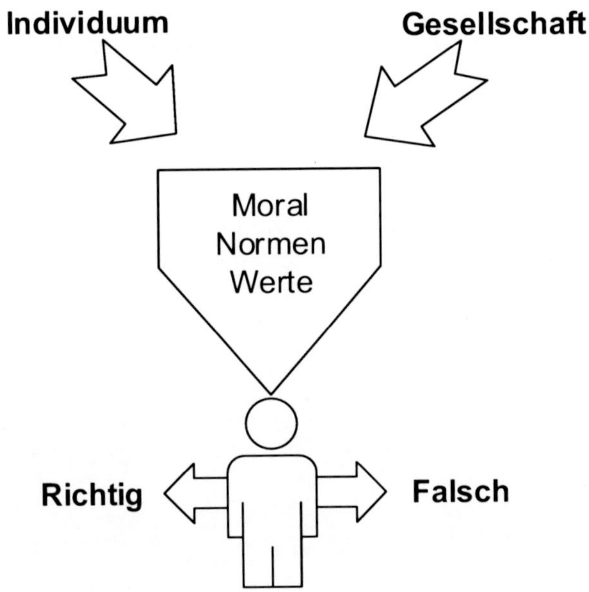

Ethik ist die Reflexion über moralische, also kulturelle, Einflüsse auf „Richtig" und „Falsch".

[116] Quelle: [19]
[117] vgl. [39] Seite 66

Unterschieden wir u. a.:

Gesinnungsethik	Weiche Faktoren, persönliche Einstellung
Verantwortungsethik	Entscheidungen und deren Konsequenz
Handlungsethik	Handlungen, abgeleitet aus den Entscheidungen
Folgenethik	Folgen aus meinen Handlungen/Entscheidungen

Im Kontext des Projektmanagements sind die folgenden moralischen und ethischen Aspekte von Bedeutung:[118]

Ethische Aspekte

- Vertrauen / Fairness
- Wahrhaftigkeit
- Respekt / Loyalität
- Freigiebigkeit
- Gesunder Menschenverstand
- Umgang miteinander/Wertschätzung

Moralische Aspekte

- Leben des Firmencredos
- Integrität
- Ehrlichkeit
- Nachhaltigkeit
- Transparenz des Handels gegenüber Stakeholdern
- Auftragstreue
- Sittliches Verhalten
- Gesundheit
- Eskalationsweg
- Plausibilität

[118] vgl. [25] Seite 1102

Ethische Aspekte werden in der Regel aus der Sicht, der nächst höheren Ebene betrachtet. Dabei werden verschiedene die Dimensionen unterschieden:

- Zeitlich
- Räumliche
- Persönliche
- Soziale

Ebene	Beispiel
Makroebene	Verantwortung der Organisation, Umweltauflagen
Mesoebene	Moralische Verantwortung, Risiken
Microebene	Persönliche Absprachen

Das Projekt Management sollte folgenden Grundsätzen folgen:

1. Respekt
   Respekt und Wertschätzung gegenüber jedem Projektbeteiligten sollte die Grundlage der Projektarbeit sein.

2. Ehrlichkeit
   In der Projektarbeit ist Ehrlichkeit unabdingbar. Dies bedeutet jedoch nicht, Manieren außer Kraft zu setzten. Kritik und Feedback muss ehrlich gegeben und akzeptiert werden. Aber nicht, wenn der Respekt gegenüber Anderen vergessen wird: „Sag immer die Wahrheit, aber die Wahrheit nicht immer!“ Ehrlichkeit ist aber auch, mit dem Zustand des Projekts ehrlich umzugehen und dies auch zu kommunizieren.

3. Transparenz
   Der Grundsatz der Transparenz bedeutet, ehrliche Berichte, alle Informationen offen legen und alle Entscheidungen und deren Grundlagen nachvollziehbar zu machen. Aber auch Information der Teammitglieder, offene Diskussionen über anstehende Entscheidungen und Begründung bereits getroffener Entscheidungen.

V. ANHANG

12. VERWEISE ZU DEN PM3-ELEMENTEN

13. LITERATURVERZEICHNIS

[1] Backerra, Malorny, Schwarz (2007), Kreativitätstechniken, Hanser Verlag München Wien

[2] Baum H-G / A Coenenberg / T Günther (2007), Strategisches Controlling 4.Auflage, Schäffer Poeschel Verlag Stuttgart

[3] Bayerl Claudia (2007), 30 Minuten Zeit für Kreativitätstechniken, Gabal Verlag Offenbach

[4] Beck, Fish (2003), Teamarbeit und Teamentwicklung, Hogrefe Verlag GmbH + Co. Göttingen

[5] Bitzer/Liebsch/Behnert (2002), Betriebliche Konfliktlösung durch Mediation, Sauer-Verlag Heidelberg

[6] Boos Evelyn (2007), Das große Buch der Kreativitätstechniken, Compact Verlag

[7] Bundschuh, Peetz, Siska (1991), Aufwandschätzung von DV-Projekten mit der Function-Point Methode, TÜV Rheinland Köln

[8] Bunse, von Knethen (2008), Vorgehensmodelle Kompakt 2. Auflage, Spektrum Verlag Heidelberg

[9] Chalupssky J et al (2000), Der Mensch in der Organisation, Verlag Dr. Götz Schmidt Gießen

[10] Däumler, Grabe (1992), Kostenrechnungslexikon, NWB Herne/Berlin

[11] de Bono Edward (1996), Serious Creativity, Schäffer Pöschel Stuttgart

[12] de Marco Tom, Lister Timothy (2009), Bärentango, Hanser Verlag München Wien

[13] de Marco Tom (1998), Der Termin , Hanser Verlag München Wien

[14] Deming W Edwards (1986), Out of Crisis 2. Auflage, Massachusetts Institute of Technology Press Cambrigde

[15] Deutscher Manager Verband e. V. Hrsg (2003), Handbuch Soft Skills, vdf Hochschulverlag AG an der ETH Zürich

[16] Dick Rolf, Van West Michael A (2005), Teamwork, Teamdiagnose, Teamentwicklung. Hogrefe Verlag GmbH + Co. Göttingen

[17] Drews/Hillebrand (2007), Lexikon der Projektmanagementmethoden, haufe Verlag München

[18] Duden (2009), Die deutsche Rechtschreibung, 25. Auflage Bibliographisches Institut & F. A. Brockhaus

[19] Duden (2002), Bedeutungswörterbuch 3. Auflage, Dudenverlag,

[20] Fengler Jörg (2004), Feedback geben, Belz Verlag Weinheim und Basel

[21] Fisher, Ury, Patton (2004), Das Harvard-Konzept, Campus Verlag Frankfurt/Main

[22] Gartner Peggy (2005), Die Drei-Punkt-Schätzmethode zur Kalkulation des Projektaufwands, PM aktuell 02-2005

[23] Glaap Winfried (1993), IS9000 leichtgemacht, Hanser Verlag München Wien Verlag

[24] Garreis Roland (2000), Der professionelle Projektstart, in: Projektmanagement 3/2000, S. 23-29

[24] Geiger/Kotte (2005), Handbuch Qualität 4. Aufl, Vieweg Verlag Wiesbaden

[25] Gessler Michael Hrsg (2010), Kompetenzbasiertes Projektmanagement(PM3) 3. Auflage (e-Book), Nürnberg

[26] Glasl Friedrich (2002), Konfliktmanagement 8. Auflage, Haupt Verlag Bern Stuttgart Wien

[27] Gregorc W, Weiner K L (2005), Claim Management, Publicis-Verlag Erlangen

[28] Harrant/Hemmrich (2004), Risikomanagement in Projekten, Hanser Verlag München Wien

[29] Hörmann, Müller (2009), Schmied, Basiswissen Software-Projektmanagement Hindel, dpunkt Verlag München Wien
[30] Homberg M (2002), Profitable Projektkommunikation, Verlag Dr. Homberg Weidenberg
[31] ICB (2008) - IPMA Competence Baseline - in der Fassung als Deutsche NCB – National Competence Baseline Version 3.0 der PM-ZERT Zertifizierungsstelle der GPM e.V., GPM Deutsche Gesellschaft für Projektmanagement e.V. Nürnberg März 2008
[32] Kappeller/Mittenhuber (2003), Management-Konzepte, Gabler Verlag Wiesbaden
[33] Kanditzky Norbert (2005), Ungeschickt verhandelt?, F.A.Z.-Institut Frankfurt a. M.
[34] Kamiske/Brauer (2008), Qualitätsmanagement von A bis Z 6. Auflage, Hanser Verlag
[35] König Oliver, Schattenhofer Karl (2007), Einführung in die Gruppendynamik, Carl-Auer Verlag Heidelberg
[36] Knieß Michael (2006), Kreativitätstechniken, dtv München
[37] Kugler Dr Gernot et al, Betriebswirtschaft der Unternehmung, Europa-Lehrmittel Wuppertal 1986
[38] Lomnitz Gero (2004), Multiprojektmanagement, Redline Wirtschaft Frankfurt
[39] Maslow Abraham H (1981) (Autor) / Paul Kruntorad (Übersetzer), Motivation und Persönlichkeit, rororo Berlin
[40] Motzel Erhard (2006), Projektmanagement Lexikon, Wiley-VCH Verlag GmbH & Co KG a. A. Weinheim
[41] Neuberger O (2002), Führen und führen lassen: Ansätze, Ergebnisse und Kritik der Führungsforschung, UTB Stuttgart
[42] OGC (Office of Government Commerce) (2008)ITIL V3 Continual Service Improvement, , TSO Norwich
[43] Patzak/Rattay (2004), Projektmanagement 4. Auflage, Linde international Wien
[44] PM-Zert (2011) Anleitung_zum_Transfernachweis_Z08_NCB3_V11.pdf– Link: [94]
[45] Pohl Klaus (2008), Requirements Engineering, dpunkt.verlag Heidelberg
[46] Rößler et al (2008), Projektmanagement für newcomer 2. Auflage, RKW Sachsen Dresden
[47] Rosenberg Marshall B (2007), Gewaltfreie Kommunikation, Junnemann Verlag Paderborn
[48] Rosenberg Marshall B (2007), Konflikte lösen durch Gewaltfreie Kommunikation, Herder Verlag Freiburg/Basel/Wien
[49] Royce W. W. (1987), Managing the development of large software systems: concepts and techniques, In: Proceedings of the 9th international conference on Software Engineering ICSE '87, IEEE Computer Society Press, März
[50] Schwarz Gerald (2005), Konfliktmanagement, Gabler Wiesbaden
[51] Simon Walter (2006), GABALS großer Methodenkoffer Führung und Zusammenarbeit, GABAL Offenbach Verlag
[52] von Rosenstiel et al (1999), Führung von Mitarbeitern, Schäffer & Poeschel Verlag Stuttgart
[53] Straube/Leutscher/Müller (2008), Konfliktmanagement für Projektleiter, Haufe München
[54] Schmidt Thomas (2009), Konfliktmanagement-Trainings erfolgreich leiten, manager-Seminar Verlags GmbH Bonn
[55] Schulz von Thun Friedemann (2006), Miteinander reden 1 Störungen und Klärungen, rororo Berlin
[56] Sprenger Reinhard K (2005), Mythos Motivation, Campus Verlag Frankfurt/New York
[57] Schreckeneder (2005), Projektcontrolling , Haufe Verlag Planegg/München
[58] Warren Bennis (2003), On Becoming A Leader: The Leadership, Perseus Books Cambrigde Massachusetts

[59] Wastian/Braumandl/von Rosenstiel (2009), Angewandte Psychologie für Projektmanager, Springer Heidelberg
[60] Wanner Rudolf (2007), Earned Value Management. So machen Sie Ihr Projektcontrolling noch effektiver 2. Auflage, Books on Demand Norderstedt
[61] Wolter Olaf (2002), TQM Scorecard, Hanser Verlag München Wien
[62] Wöhe Günter (1993), Einführung in die Allgemeine Betriebswirtschaftslehre, Verlag Vahlen München
[63] Ziegenbein/Olfert (2007), Controlling, Kiehl Verlag Ludwigshafen

Internetquellen

[90] http://www.efqm.org/en/tabid/169/default.aspx, (aufgerufen am 10.02.2012)

[91] http://www.earnedvaluemanagement.com/, (Aufgerufen am 02.03.2012)

[92] http://wirtschaftslexikon.gabler.de/Archiv/4191/ressource-v9.html, (Aufgerufen am 13.02.2012)

[93] http://www.gpm-ipma.de/fileadmin/user_upload/ueber-uns/Awards/DPEA_Summary_Topmanagement_final.pdf (Aufgerufen am 12.02.2012)

[94] Link: PM-Zert Level D Informationen: http://www.gpm-ipma.de/ qualifizierung_zertifizierung/ipma_4_l_c_zertifikate_fuer_projektmanager/level_d.html, (aufgerufen am 16.02.2012)

[95] Leitfaden_fuer_Zertifikanten_Z01_NCB3_V24.pdf: Link: http://www.gpm-ipma.de/fileadmin/user_upload/Qualifizierung___Zertifizierung/Zertifikate_fuer_PM/ Erstzertifizierung_Level_D.zip (aufgerufen am 16.02.2012)

[96] http://v-modell.iabg.de/v-modell-xt-html/, (aufgerufen am 01.03.2012)

[97] Anleitung_zum_Projekterfahrungsbericht_Z04C_NCB3_V09.pdf Link: http://www.gpm-ipma.de/fileadmin/user_upload/ Qualifizierung___Zertifizierung/Zertifikate_fuer_PM/Erstzertifizierung_Level_.zip (aufgerufen am 16.02.2012)

Weitere Bücher zum Thema Zertifizierung von Klaus Rauer:

Zertifizierung zum Senior Projektmanager IPMA Level B: Projektstudienarbeit und Literaturkonspekt

Dieses Buch richtet sich an Zertifikanten des IPMA Level B, die eine Projektstudienarbeit und den Literaturkonspekt erstellen wollen. Es zeigt eine Projektstudienarbeit, sowie ein Literaturkonspekt für ein Fachbuch und einen Fachartikel, wie sie für die Zertifizierung verlangt werden. Für die Erstellung der Studienarbeit gelten definierte Vorgaben, die in diesem Buch berücksichtigt werden. Für die PSA wird ein abgeschlossenes Projekt zu Grunde gelegt und ein Vertiefungsthema gewählt. Die Projektstudienarbeit soll Auskunft über Tätigkeit des Zertifikanten in der Projektarbeit geben und seine Erfahrungen widerspiegeln.

ISBN: 978-3848201822

Zertifizierung zum Projektmanager IPMA Level C: Beispiel für die Erstellung eines Projekterfahrungsberichtes (PEB)

Die Gesellschaft für Projektmanagement e.V. (GPM) erwartet von Level C Zertifikaten im Zuge des Zertifizierungsverfahrens einen Projekterfahrungsbericht. Dieses Buch richtet sich im Schwerpunkt an Zertifikanten des IPMA Level C, die einen Projekterfahrungsbericht (PEB) für die Zertifizierung erstellen wollen. Für die Erstellung des Erfahrungsberichtes gelten definierte Vorgaben, die in diesem Buch berücksichtigt werden. Das Fallbeispiel ist ein Projekt mit realem Hintergrund. Hierbei handelt es sich um ein Projekt zur Entwicklung von Software und Hardwarekomponenten für die Unterstützung der Prozesse von Sonnenstudios.

ISBN: 978-3848208111